新编21世纪经济学系列教材

环境经济政策

U0386355

尹海涛　著

Environmental
Economic Policy

中国人民大学出版社
·北京·

内容简介

　　《环境经济政策》全书共七章，涵盖了环境经济学的内涵和研究内容、命令和控制型环保政策、环境权益交易制度、环境税和环境补贴、环境信息管理、环境保护的债务责任方法、环境保险等内容。从写作思路上，全书以政策类型为主线，把政策置于核心的地位，但同时非常强调政策背后的经济学理论依据，目的是培养学生触类旁通的能力，帮助学生在面临新的环保和资源问题的时候，做到"有理论基础"的政策创新。

　　这是一本主要面向经济学专业本科生的教材。但是即使你没有任何经济学基础，阅读本书也丝毫没有问题。所以本书适合所有想要了解环境经济政策的读者，包括法律、公共政策和环境管理类专业的学生，当然也包括从事环境政策工作的政府公务人员。有志于从事环境经济学研究的同学，这本书可作为你深入某个小领域之前的背景阅读材料。

作者简介

尹海涛　上海交通大学安泰经济与管理学院教授。国家"万人计划"哲学社会科学领军人才、国家自然科学基金优秀青年、中组部青年拔尖人才。分别于1998年和2001年获北京大学法学学士和管理学硕士学位，2006年从宾夕法尼亚大学沃顿商学院毕业，获得应用经济学和管理科学博士学位。

　　主要从事环境经济与政策、能源经济与政策的研究。在环境保险和可再生能源配额制度方面的研究，在中国和美国的学界和政策领域都有相当大的影响。目前关注的研究主要在两个方面：中国碳排放权的定价机制和经济影响；如何利用中国的制度资源和社会资本，创新命令和控制型环保政策。

　　在Journal of Law and Economics, Journal of Policy Analysis and Management, Journal of International Business Studies, Production and Operations Management, Energy Journal, Environmental and Resource Economics等国际主流学术期刊上发表了多篇论文。著有《中国经济开新局》（人民日报出版社）一书。曾获美国公共政策分析与管理学会最佳博士毕业论文奖、美国风险分析学会年度最佳论文奖。

　　年过四十，身体不可遏制地越来越像梨的形状，头发也再不理会我的挽留。

　　那年我去美国访学。

　　我有了个习惯，就是坐在门前的台阶上发呆。我时常问自己：如果我学术生涯的时钟就此停摆，我最大的遗憾是什么？是没有文章发表在 Top5 的期刊上吗？是没有评上国家杰青吗？似乎都不是。这些年过来，少年的那些血气方刚和执着真的少了很多。学术研究成了生活本身，而不是活着的工具。最大的快乐是思辨的乐趣，是看到理论中蕴藏的先哲智慧与现实实践的绝妙对话。最大的成就感是看到我的学生也能脱离直觉的羁绊。

　　这些年我在硕士和博士学生身上倾注了很多。指导硕士和博士学生的难处是如何把他们从好的学生转变为好的学者，上海交大的硕博生都是太好的学生，能完美地执行导师的指示。但正是这一点令我沮丧。我最常听到的问题是："老师，我应该做什么课题？""老师，应该如何分析才能回答这个问题？"但我盼望听到的问题是"老师，我想研究这样一个课题，您看如何？""老师，我想做这样的分析回答我的问题，您看如何？"从好的学生转变为好的学者是很难的事，越是"好"的学生，越是难。我很开心我的很多硕博学生做到了，更开心的是看到其中有些很快超越了我。在硕博生这里，我做了我应该做的事，并没有大的遗憾。

　　在教学生涯中，令我心怀愧疚的是我的本科学生。在这些年的课堂授课中，我也算尽心尽力，但是我所承诺的教材却一直没有兑现。没有教材的缺憾，并不在于学生备考的过程中无章可循，而是在于课堂授课的重点和思路，在课后无法持续与学生形成互动。读一本好书或是好的论文，我的经验是第一遍似懂非懂，第二遍似有所懂，若干遍之后才有所顿悟，直到最后不能自拔，非得常常与之交流才是快事。课堂讲得再好，也不能超过似有所懂的程度。

亏欠学生并不好受。教材之事，一搁再搁，实在是权宜的做法。在过去的十年职业生涯中，正值中国高校效仿并试图超越西方的时段。这一方面是出于学术界革除"论证过程简单随意"，非要形成与西方学术界会话能力的自觉自醒，另一方面是出于中国大学追寻"综合性研究大学"之梦想的内心冲动。非常时期必用非常之法。各个高校纷纷在实际中奉行"论文至上"原则，我作为这一洪流中的一分子，也没有抵御的能力。教材于我的职称评审没有任何助益，自然被放在次要的位置，一拖再拖。

为了论文的发表，于是有了这次访学计划。但没想到，在访学这些日子的晚上，因着台阶上的拷问，生出内心的不安。也因着内心的不安，着手这本教材的写作。

在安泰经济与管理学院教授"环境经济学"到目前已经有多少个年头，我不记得了。只记得初次上课，班上只有八九个学生，因为不到十五个学生的开课门槛，这门课差点夭折。第二年我的课上有了十九个学生。这些学生给了我莫大的鼓励。谢谢他们和教务办公室的宽容，这门课得以存续，并至目前达到 150 人选课的规模。

市面上有些相似的教材，英文和中文的都有。这本教材，连同我的教学，我认为有两点不同之处。

首先，大多数教材以环境问题为主线，分章节讨论水污染、大气污染、固废污染、可再生资源利用等等。而本书摒弃了这种结构，改为以政策类型为主线，具体内容包括命令和控制型环保政策、环境权益交易制度、环境税和环境补贴、环境信息管理、环境保护的债务责任方法、环境保险等等。这种结构的优点是把政策置于核心的地位，同一项政策，例如环境权益交易制度，既可以用来解决自然资源耗竭问题，也可以用来解决水污染和大气污染的问题，还可以用来解决可再生能源发展的问题。以政策为核心，可以达到触类旁通的目的，使学生在面临新的环保和资源问题的时候，仍然有章可循。

其次，强调政策背后的经济学依据。对每项政策的研讨，其内容组织的逻辑是如何解决某个环境问题。起点是如何从经济学角度去理解此问题出现的原因；然后学习探究这些经济学理论；最后讨论该经济学理论为解决手中问题所指明的思路与药方。这种逻辑的目的是要学生能够理解政策背后的经济学理论，同时也让学生认识到理论并非只是经济学家在象牙塔中自娱自乐的玩具。每一项理论或许在其初创时纯粹是出于思考的乐趣，但每个理论都会在"用"的层面发出耀眼的光芒。

多年教学使我体会到学生们在"功用"上的无限崇拜，在理论学习上的懈怠与蔑视。有次与学生研讨，有学生提出，经济学理论看似巧妙，但都是基于很简化的假设，很难对现实问题进行准确描述。在本书中，我们会看到很多例子。当我们脱离理论的指导，靠直觉进行决策时，会出现很多似是而非的政策，造成事与愿违的结果。相反，如果我们回到经济学理论，以理论规范思考，用理论指导决策，形成的政策会更靠谱、有效且有效率。我们或许永远达不到理论设定的状态，但是以理论为根基的思考，却能实实在在地帮助我们减少不必要的试错，这正是理论的价值所在。

追求短视的功用，而不是知识本身，我认为是当今中国社会亟待解决的问题。中兴通讯所揭示出来的创新困局，以及中国汽车行业虽在销售上雄冠全球，却仍在核心技术上依赖外国的无奈，都是在此点上最好的注脚。能够引导学生珍视理论，在实践中自觉地回归理论，是本书的一个奢望。我曾听过一个故事，当有人问赫兹研究电磁现象的用处时，赫兹回答说："没用。"但没有赫兹的发现，就不可能有今天手机的发明和推广。

所以，本书的核心是指明理论和实际环保政策之间的内在关联。能够实现理论和现实之间的自由漫步，是我期盼我的学生所能做到的。当然，理论并不意味着大量地运用数学，恰恰相反，我在本书中尽量避免使用数学表述，而是更多地使用口语式的文字。我的榜样是弗里德曼的《自由选择》。即使你没有任何经济学的基础，阅读本书也丝毫没有问题。所以本书适合所有想要了解环境经济学的读者，包括本科生，当然也包括从事环境政策工作的政府公务人员。有志于从事环境经济学研究的同学，这本书可作为你深入某个小领域之前的背景阅读。我在书的末尾提供了一个拓展阅读的清单，算是弥补了本书研究性稍欠不足的缺憾。

"长恨人心不如水，等闲平地起波澜。"在过去的三四十年中，鲜有人能摆脱时代的裹挟，恪守自己内心的淡定和从容。我也不例外。但愿此书的写作能是一个起点，让我能在自觉自醒中快乐地过活。

目 录

第 1 章

环境经济学概论

> **本章学习要点**
> - 揭示性偏好方法
> - 陈述性偏好方法
> - 条件估值法
> - 选择实验
> - 环境库兹涅茨曲线
> - 污染避风港假说
> - 全球化与环境保护
> - 公用地悲剧
> - 经济学在环保政策中的作用

在经济学或公共政策的教科书中，有一个概念叫作市场失灵，这通常被当作政府通过公共政策干预经济活动的一个理由。环境和自然资源的破坏，是老师在课堂上讨论市场失灵时最可能信手拈来的一个案例。这造成了一个不必要的错觉：环境和自然资源的保护是市场失灵的一个领域，是市场机制本身无力解决的，必须依靠政府和公共政策。所以有些经济学教授认为环境经济学，或者从经济学的角度出发研究环境保护的问题，是个伪命题。

那么，环境经济学作为一个学科，关注的话题有哪些呢？我想最重要的有三个，即经济学与环境收益（成本）评估、经济发展与环境保护，以及经济学与环保政策设计。

第 1 节 经济学与环境收益（成本）评估

环境经济学最早讨论的是经济发展与环境成本的平衡问题。正是人类社会赋予环境以价值，才存在"绿水青山就是金山银山"的可能，才存在人类社会以牺牲经济发展或者付出经济成本换取更清洁的环境的合理性。

但是，环境的价值，或者环境破坏的成本是什么呢？这是一个困难的问题。首先，环境是不存在市场交易的。如果一个标的能在市场上买卖，那么它的经济价值是显而易见的，那就是它的价格。但环境不存在市场，自然无法观察到它的价值。其次，每个人赋予清洁环境的价值是不同的。住别墅的富人盼望周围绿树成荫，但附近无钱送孩子读书的穷人，却巴不得能把树木砍下来换成钱。环境不属于他们其中的任何一位，如何从社会的角度赋予环境以价值，毫无疑问涉及一个把差异化的分散的价值，按照适当的原则，进行整合的问题。这是个分配的问题，是个集体决策的问题。

对于很多环境经济学者而言，环境经济学就是发展恰当的工具，进行环境价值或者成本的评估。用更为规范的经济学语言，就是用经济学的方法构造社会在清洁环境上的需求曲线。如下这些学者的研究极大地推动了这个领域的进步：S. Rosen，A. H. Trice，S. E. Wood，Richard Carson，Jerry Hausman，Michael Hanemann，Robert Johnson，Vic Adamowicz 等。在这个领域有研究兴趣的读者应当去读他们的论文和著作。我在拓展阅读中列出了其中的部分，供读者参考。我的好朋友喻雪莹老师最近出版的一本书《环境机制评估方法与应用》，也是非常好的参考。

评估环境价值或者环境成本的方法大致分为两类：一类是揭示性偏好方法（revealed preference method），典型的方法包括享乐价格法（hedonic pricing method）和旅行费用法（travel cost method）；另一类是陈述性偏好方法（stated preference method），目前应用最为广泛、接受度也最高的方法是条件估值法（contingent valuation survey）和选择实验（choice experiment）。这些方法值得单独一本书来介绍和讨论。本书的重点是环境保护政策，所以我不展开讨论，只根据自己的研究体会强调两点。首先，条件估值法和选择实验虽然都属于陈述性偏好方法，但它们背后的哲学出发点是截然不同的。条件估值法把被评估的环境看成一个整体，例如城市森林公园。在评估中，这个被评估的客体越具体越好，例如应尽可能地就地理位置、面积、树木种类、水面面积等做出具体的说明，从而避免受访者填入自己的主观想象。选择实验则不同。在选择实验中，研究者要揭示的并不是相关利害人在一个具体的环境标的上的支付意愿，而是对刻画这个环境标的的各个属性的支付意愿。例如，利害相关方愿意为公园中水面的增加支付多少钱；愿意为公园中林地面积的增加支付多少钱；等等。毫无疑问，选择实验给了研究者更多的灵活性，研究结论也更有普适性。但代价是成本和复杂度的增加。选择什么样的方法，受研究目的和研究情形的影响。

其次，在进行选择实验的研究中，尤其在中国，应在问卷中设计一些问题，用于测试受访者认真答题的程度。中国人爱面子，不愿当面拒绝别人的请求，但是在正式回答问卷的时候，常常不够认真，造成后期分析上的困难。我曾做过一个关于消费者对生态标签的支付意愿的研究，最终没有形成任何成果。主要原因是数据中有很多奇怪的现象，除受访者没有认真作答之外，很难找到合理的解释。所以，我的教训是在选择实验中，必须在问卷设计的阶段，考虑到是否有能力检测受访者认真作答的程度。如果有证据证明他们没有认真作答，这些样本可放心地删除。

第 2 节　经济发展与环境保护

对于另一部分经济学家而言，环境经济学是研究环境保护和经济发展的内在关系，以及如何处理这一关系的学科。1991 年，在北美自由贸易区谈判中，美国经济学家格罗斯曼（Grossman）和克鲁格（Krueger）首次实证研究了环境质量与人均收入之间的关系。他们的研究指出了环境污染与人均收入间的关系：环境污染在低收入水平上随人均 GDP 增加而上升，在高收入水平上随人均 GDP 增加而下降。这种环境质量与人均收入间的关系后来被称为环境库兹涅茨曲线（environmental Kuznets curve，EKC）。[①] EKC 揭示出环境质量开始时随着收入增加而退化，当收入水平上升到一定程度后随着收入增加而改善，即环境质量与人均收入为倒 U 形关系（见图 1-1）。

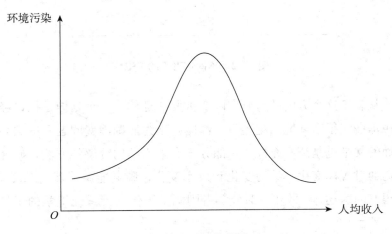

图 1-1　环境库兹涅茨曲线（EKC）

在这方面发表的文章可谓汗牛充栋。但是这种从历史数据中推论经济发

[①]　这一名称借用了库兹涅茨（Kuznets）于 1955 年提出的人均收入与收入不均等之间的倒 U 形曲线——库兹涅茨曲线——这一名字。

展和环境保护关系的研究，我认为意义并不大。主要是因为我们很难根据从历史数据中得出的观察推论未来。例如，发达国家可通过向发展中国家转移重污染行业，从而使经济重心转向服务业的办法，实现拐点的到来（这是污染避风港假说的主要论点），但是发展中国家很难做同样的事情。也就是说图 1-1 中的倒 U 的形状和位置可能会因为不同国家发展阶段、技术水平、文化、自然禀赋，甚至政治制度的不同而不同。图 1-2 描述了不同情形下的EKC。因此，一个有意思的研究方向是探讨什么因素会改变图 1-1 中拐点的位置和曲线的形状。例如，腐败的存在使得 EKC 拐点出现在人均收入较高的水平（Lopez and Mitra，2000）[①]；但是，技术进步、严格的环境规制等（Castiglione，Infante and Smirnova，2011；Hettige，Mani and Wheeler，2000）[②] 可以使 EKC 拐点左移，而且更低（图 1-2 中的改善的 EKC）。

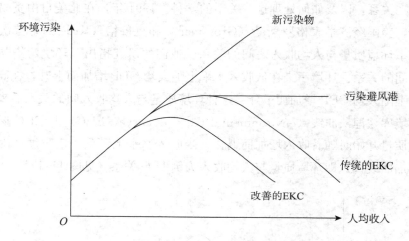

图 1-2 不同情形下的 EKC

从属于这个方向的研究有两个重要的延伸。一个延伸是探讨经济发展与能源消费（很多环境问题实质上都能归结为能源消费问题）的关系问题。这方面的文献也是汗牛充栋。一部分学者采用结构分解的方法，研究经济发展如何通过规模变化、结构变化和效率变化，影响能源消费。Ang（2004）做了很好的综述。[③] 另外一部分学者则侧重于借助计量经济学的工具，估算能

① Lopez，R.，Mitra S. Corruption，Pollution，and the Kuznets Environment Curve. *Journal of Environmental Economics and Management*，2000，40（2）：137-150.

② Castiglione，C.，Infante，D.，Smirnova，J. Rule of Law and the Environmental Kuznets Curve：Evidence for Carbon Emissions. *International Journal of Sustainable Economy*，2012，4（3）：254-269.；Hettige，H.，Mani，M.，Wheeler，D. Industrial Pollution in Economic Development：The Environmental Kuznets Curve Revisited. *Journal of Development Economics*，2000，62（2）：445-476.

③ Ang，B. W. Decomposition Analysis for Policy Making in Energy：Which is the Preferred Method. *Energy Policy*，2004，32（9）：1131-1139.

源（例如电力、天然气等等）消费的收入弹性和价格弹性。其中有很多技术性的问题，如如何分离长期弹性和短期弹性，如何处理因为价格和消费量的共同变化而产生的内生性的问题等等。这个方向的内容也可独立成书，但因为不是本书的重点，所以不做展开。有兴趣的读者可参考书末的拓展阅读。

另外一个延伸是研究国际贸易和环境保护之间的关系。在国际经济学和环境经济学中，有一个污染避风港假说（pollution haven hypothesis）。其主要观点是，发达国家环保规制的强化，会迫使发达国家的企业把重污染的制造业转移到环保要求比较低的发展中国家；而发展中国家为了吸引外资，启动经济发展，会争相降低环保标准，造成自然资源的破坏和环境的持续恶化。在很长一段时间里，该假说似乎是学术界共识，鲜有不同的声音。但是在 20 世纪 90 年代，这种和谐被打破了。Prakash 和 Potoski（2006）提出了"贸易促环保"的命题。[1] 他们认为，发达国家的企业在环境管理和环保技术方面会明显优于发展中国家的企业。全球经济整合会使发达国家的先进环保管理经验和技术得以扩散到发展中国家，从而改善发展中国家的环境治理，提升环境绩效。

这个命题的提出引起了广泛的争论。因为越来越多的污染问题成为跨越国界的地区性，甚至是全球性的问题，污染治理或者环保责任在国家之间的划分，就成为一个非常重要而且敏感的国际政治问题。在联合国这些年召开的气候变化会议上，最吸引眼球的就是各种口水仗和不欢而散的尴尬，责任划分问题的重要性可窥一斑。在这种情况下，如何看待"贸易促环保"的命题，重要性不言而喻。

从逻辑上看，要使"贸易促环保"的命题成立，需要三个链条。首先，更依赖国际市场、更深入整合进全球经济的发展中国家的企业，在环保管理和技术方面确实优于其他的本土企业；其次，这些企业先进的管理方法和技术能够产生明显的溢出效应，帮助发展中国家的其他企业，推动环境治理水平的提高；最后，环保管理和技术改善所造成的单位产出污染的降低，能够抵消生产活动转移产生的污染量的效应。

研究在这三个链条上展开。在第一个链条上，目前研究给出的答案是肯定的。例如，学者们发现参与国际贸易较多的企业，更有可能去进行 ISO 14001 国际环境管理标准认证。[2] 很多发达国家的企业，例如美国的福特和日本的丰田，要求供应商必须通过 ISO 14001 认证，所以该认证在很多

[1] Prakash, A., Potoski, M. Racing to the Bottom? Globalization, Environmental Governance, and ISO 14001. *American Journal of Political Science*, 2006, 50 (2): 347-361.

[2] Yin, H., Ma, C. International Integration: A Hope for a Greener China?. *International Marketing Review*, 2009, 26 (3): 348-367.

行业成为走向海外市场的敲门砖。目前，中国已成为世界上获得 ISO 14001 认证数量最多的国家。和 Prakash 和 Potoski（2006）提出观点的主要证据，就是来源于他们在 ISO 14001 国际扩散方面的研究。

当然有人会反驳说，ISO 14001 只是环境管理标准的认证，可能只停留在纸面上，不能转化为实际的环境绩效。为了在绩效层面验证第一个链条，我和我的合作者[①]搜集了上海市污染企业的数据，通过数据分析，我们发现通过投资和贸易的方式更多参与国际市场的企业，在二氧化硫和化学含氧量的排放方面明显好于其他同行业，但主要依赖国内市场的企业。

第二个链条主要关注是否存在溢出效应，也就是说，国际贸易和投资能否真的发挥传送带的作用，把先进的环境管理方法和环保技术引入发展中国家，并在发展中国家的企业中生根发芽。证实或者证伪这个链条，要求观察到企业之间的互动。从目前的企业案例研究来看，第二个链条的存在不无道理。沃尔玛 2008 年在北京召开供应商大会，宣布要成为零售业可持续管理的领导者，它要求供应商必须符合其在社会责任和环境保护方面的要求，不达标的企业将丧失作为沃尔玛供应商的资格。有的企业采取更温情的合作方式。典型的例子是美国的通用汽车公司，它与世界环境中心（World Environ- ment Center）合作，号召其在中国的供应商参与它的绿化供应链（Greening Supply Chain）项目。参与此项目的供应商会得到通用汽车公司的技术协助，通用汽车公司会帮助它们审视生产流程，查明改善环境管理的机会，并帮助它们实施相关措施。根据世界环境中心的报告，这个项目非常有效，在很大程度上减少了参与供应商企业产生的污染，并节省了能源和水的使用。

也有案例表明，跨国企业在社会责任和环境保护方面的努力不只在一级供应商层面。肯德基中国在 2013 年展开所谓的"雷霆行动"，和它的 25 个鸡肉供应商合作，淘汰了近 5 000 个不达标的鸡舍，规范其二级供应商的生产过程。[②] 但这也引出了一个非常重要的学理问题：企业社会责任的边界到底在什么地方？是在工厂的院墙之内，还是延伸到供应链的源头？

案例研究虽然能给我们很多深刻且直观的认识，但是难以让我们很有信心地得出普适性的结论。我们也发现很多跨国企业在发展中国家的供应商在社会责任和环保方面有着被广为诟病的表现。例如，苹果供应商造成的严重污染。普适性的结论需要我们做更系统的社会调查，观察更多跨国企业的管理，尤其是其与供应商在可持续管理方面的互动。Kim 等（2022）提供了新

---

① Lin, L., Moon, J. J., Yin, H. Does International Economic Integration Lead to a Cleaner Production in China?. *Production and Operation Management*，2014，23（4）：525 – 536.

② 肯德基全面解析公众疑问　雷霆行动六举措为鸡肉护航. 人民网，2013 – 02 – 25.

的田野证据。[1] 他们发现，跨国企业可以通过基于地区和产业链的制度结构，在与本土企业的互动中，帮助本土企业提升环境管理水平和绩效。在第三个链条上，目前还未看到系统的分析，我们期待着在这方面有更多的研究工作。

第 3 节　经济学与环保政策设计

前面我们提到，市场和环境保护似乎是水火不相容的两件事情。经济学者和公共政策学者在课堂上不断强调，我们有四个典型的市场失灵：外部性、公共物品、信息不对称和自然垄断。外部性最为典型的例子是环境污染；公共物品最为典型的例子是清洁的空气和海洋渔业。市场失灵的潜台词是什么呢？是这些问题的解决只能靠政府。于是环境保护成了政府的专属领地，市场在环境保护方面似乎是个"坏小孩"，是应当被约束和看管的。

但是只靠政府真的能做好环保这个事情吗？经济学在环保政策这个重要的领域是否完全无所作为呢？我们来看看历史怎么说。

我们回到 20 世纪 70 年代的美国。那个时候，美国还没有管制海洋渔业捕捞，开放捕捞的作业模式使大比目鱼的数目迅速下降。事实非常清楚，如果政府不采取措施，大比目鱼未来只能被放在博物馆中供人们怀念，而不是出现在老百姓的餐桌上。政府开始行动起来，出台了各种措施：制定每年可捕捞总量的上限；限制捕鱼船的马力；规定捕鱼网的规格；等等。最后，政府开始限制捕鱼的时间。允许捕鱼的时间从 1970 年的每年 125 天持续降低到 1980 年的每年 25 天。

但是事情看起来并没有好转。最后，美国政府于 1994 年将允许捕鱼的天数降到每年只有两天。[2] 疯狂的政府造就了疯狂的渔民。为了在这短短的两天里获取最大的收入，他们买入或租用了更多的小船，雇用了更多的临时工，每天 24 小时不停歇地作业。因为是临时拉起来的捕鱼大军，缺乏捕捞知识，捕鱼造成的伤亡事故不断增多；因为粗枝大叶的捕捞，很多原本不需要、捕到之后会被放生的海洋生物被粗暴地伤害；很多损坏的捕捞设备被随意扔掉，在海洋中造成了所谓"幽灵捕捞"的现象。更重要的是，市场上只有两天有新鲜的比目鱼出售，其价格也高得离谱。即便是付出这样的代价，问题也并

① Kim, N., Sun, J., Yin, H., Moom, J. Do Foreign Firms Help Make Local Firms Greener? Evidence of Environmental Spillovers in China. *Journal of International Business Studies*, 2022. https://doi.org/10.1057/s41267-022-00504-y.

② Huppert, D. D. An Overview of Fishing Rights. *Reviews in Fish Biology and Fisheries*, 2005,15 (3): 201-215.; Homans, F. R., Wilen, J. E. A Model of Regulated Open Access Resource Use. *Journal of Environmental Economics and Management*, 1997, 32 (1): 1-21.

没有得到解决，政府设定的最高捕捞上限被持续超越。

事情似乎到了山穷水尽的地步。走投无路的政策制定者认为，大学教授们或许会有些好的点子。怎么理解疯狂的过度捕捞的现象呢？人们发现有一个名叫哈丁（Hadin）的学者1968年在《科学》上发表了一篇名为《公用地悲剧》的文章。这篇文章指出，出现这种现象的原因是产权不清晰或者缺乏产权界定。那么怎样解决公用地悲剧的问题呢？人们又看到有一个名叫科斯（Coase）的经济学者1960年在《法与经济学》上发表了一篇名为《社会成本的问题》的文章，提出了有名的科斯定理，认为只要产权界定是可能的，在交易成本为零的情况下，不管产权的最初分配是怎样的，市场自由交易会带来最有效率（即在实现目标的前提下成本最低）的结果。

市场再次进入人们的视野。1995年，走投无路的美国政府推出了个人可转让配额制度。简单地说，如果政府某年的捕捞上限是100吨，共有10个渔民，政府会把这100吨的配额分配给10个渔民，例如分配给每位渔民10吨的配额。拥有配额的渔民任何时候都可以捕鱼，但必须在港口上交与捕捞量相当的配额，如捕捞5吨，就必须上交5吨的配额。没有配额的渔民可以到拥有配额的渔民那里去购买，如果没有买到配额却仍然进行捕捞，就要缴纳非常高昂的罚款。

这个制度实施之后，政府退到幕后，政府的责任只是在港口查验渔民所捕捞的大比目鱼的数量，并收取相应的配额，其他的都由市场来运作。神奇的事情发生了：允许捕鱼的天数逐步延长到200天，因为时间宽松了，不需要雇用临时工和临时租用小船，安全问题得到了解决，"幽灵捕捞"的损失下降了77%，捕鱼造成的其他物种的损失下降了80%，市场上大比目鱼的质量也有了大幅提升。自该制度实施之后，大比目鱼的总渔获量再也没有超出政府设定的目标上限。

问题奇迹般地解决了。这种思路后来被运用到各个领域。美国在1995年开始实施二氧化硫的总量控制和配额交易制度，此项制度在环境政策的市场化改革中被认为是最成功的范例。此项制度不但有效地控制了美国二氧化硫的排放总量，而且大大降低了污染控制的成本。根据Ellerman等（2000）的研究成果，此项制度与传统的政府管制手段相比较，把全社会的二氧化硫减排成本降低了55%。[①] 而且，美国有30多个州实施的可再生能源的配额制度也是从这个思路出发，发展出鼓励可再生能源投资的政策。根据Yin和Powers（2010）的研究成果，此项制度能够有效推动可再生能源的发展。[②]

---

① Ellerman, A. D., Joskow, P. L., Schmalensee, R., et al. *Markets for Clean Air：The U. S. Acid Rain Program*. Cambridge, UK：Cambridge University Press, 2000.

② Yin, H., Powers, N. Do State Renewable Portfolio Standards Promote In-state Renewable Generation. *Energy Policy*, 2010, 38 (2)：1140－1149.

我们在这本书中会看到很多这样的例子：我们靠直觉决策，碰壁之后回归到经济学理论，常常会有"山重水尽疑无路，柳暗花明又一村"的惬意和欣喜。我们不否认政府在环境保护中的责任，相反，政府必须负起这个不可推卸的责任。但政府承担责任并不等于说政府不需要市场这个好帮手。市场可以帮忙。在环保政策创新方面，经济学不是无可作为，而是大有所为。

从大比目鱼的例子中，我们能够看到，运用经济学理论审视环保政策，有几个步骤。首先是从经济学的视角理解环境问题。在大比目鱼的例子中，起点是我们从产权的角度理解自然资源枯竭的问题。其次，我们思考经济学先哲们在这个角度的理论思考。在我们的例子中，如果我们认识到问题的根源是产权不清晰的问题，我们很自然地会想到科斯定理。再次，从这些理论思考中寻求理论上的、在应然状态的解决思路。在我们的例子中，科斯开出的药方是界定和交易产权。最后，我们把理论放回到需要解决的现实环境问题中，审视如何应用经济学理论，形成政策方案。在我们的例子中，我们要问的问题是：在大比目鱼的捕捞中，如何界定和交易产权？

其实，环境经济政策的形成都有这样一个思维过程。正是因为我们从正外部性和负外部性的角度去理解环保产品的供给不足和污染的产生，才会有环境补贴和环境税的政策设计；正是因为我们从信息不对称的角度去解释环境问题的出现，我们才有了信息公开政策的出台；正是因为我们把环境问题理解为一个民事债务责任的问题，我们才有了环境债务责任和生态补偿的讨论；也正是因为我们把某些环境问题归结为一个风险管理的问题，我们才有了环境保险的设计。

本书关注的重点是，有效的公共政策和经济理论之间的自由漫步。理论可以指导政策设计的思路和方向，同时政策实施中的困局也能帮助我们提升在理论层面的思考。在我们开始这个旅程之前，我想再强调一点：无论是环境配额市场交易制度，还是环境保险，在自然状态下都是不能出现和持续的，这些市场都是由政府创造出来，并在政府的维护下成长的。不是自然状态下的产物，意味着这些政策在发展的过程中都会有一个试错和自我学习的过程。欧盟的碳排放交易体系、美国地下储油罐保险的发展都是这样。所以，政府要有一定的耐心，社会要有一定的包容。

第 4 节　为什么环境政策的研究和实践需要经济学

当我们概览了环境经济学者们关注的问题之后，我们可以稍微地总结一下为什么环境政策的研究和实践需要经济学的助力。

首先，从某种意义上说，环境问题的起因是经济活动。从宏观的人类历史的角度看，环境污染是在工业革命之后，随着能源的大规模使用和经济的高速发展，才成为一个问题的。图1-3清楚地展示出碳排放的增加在工业革命之后迅猛增长。早在中国之前，欧洲、美国在经济起飞过程中都经历过严重的环境问题，比如伦敦被称为雾都、洛杉矶的光化学烟雾事件等。中国现在面临的问题比当年欧美国家面临的问题更严重。虽然因为技术的进步，目前的能源使用效率有了很大的提高，工业生产的污染强度有了很大的降低，但中国作为"世界工厂"，不但为本国生产，而且为全世界生产，在量上太大了，所以中国面临的污染挑战比欧美在过去面临的挑战更为棘手，这也解释了为什么在环境问题中贸易非常重要。

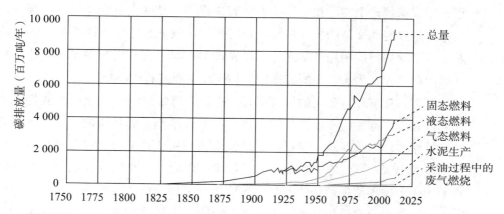

资料来源：Boden, T.A., Marland, G., Andres, R. J. Global, Regional, and National Fossil-Fuel CO_2 Emissions. Oak Ridge: Carbon Dioxide Information Analysis Center, Oak Ridge National Laboratory, U.S. Department of Energy, 2015.

图1-3 碳排放的增长

延伸阅读

美国历史上的污染之痛：河流起火

1969年，位于美国俄亥俄州东北部的凯霍加河（Cuyahoga）的起火事件将河流污染问题带到了公众面前。这并不是这条河第一次起火，据报道，凯霍加河至少发生了13起火灾，第一起发生在1868年，而最严重的一次发生在1952年，造成了100多万美元的损失。很难想象，一条河怎么会起火呢？根据《时代》杂志的描述，凯霍加河是"一条蠕动，而不是流动"的河流，在这条河中，一个人"不会淹死，而是会腐烂"。

1968年肯特州立大学的一场座谈会上，有人这样描述了河流的污染情况："水面被棕色油污覆盖……时常还可以看到成片的黑色重油污，时而可达几英寸厚。垃圾和废物被油污黏住，形成漂浮的垃圾山……往下游走，河水颜色由棕灰色逐渐变成铁锈棕，此处河水能见度不超过 0.15 米，整个河段的污染程度令人恶心。"

这场河流火灾终于引起了公众和政府的重视，美国政府相继出台了《清洁水法》《五大湖水质协议》，并成立了美国国家环境保护局（EPA）和俄亥俄州环境保护局（OEPA）。

环境污染的代价是巨大的。自 1969 年火灾后，俄亥俄州政府投入了超过 30 亿美元用于净化河水与修建新的排水系统。克里夫兰市未来 30 年还将投入 50 亿美元改良废水系统。如今，凯霍加河治理已见成效，逐渐恢复了一条河的属性。

资料来源：杨光 . 熊熊燃烧的河流——凯霍加河起火事件 . 百科 TA 说，2018－06－13.

从微观的角度看，环境问题是企业追求利润最大化的结果。弗里德曼（Friedman）认为，企业只有一项社会责任——利用其资源并从事旨在增加利润的活动，只要它保持在游戏规则之内，即在不欺骗或欺诈的情况下从事公开和自由的竞争。[①] 也就是说，只要在法律规定的范围内，企业是可以排放污染物的。自觉控制污染物会导致成本的上升和利润的下降，所以企业没有动力去控制污染。正是因为环境污染是经济发展的结果，所以我们必须去研究经济发展、国际贸易和污染的内在联系，这是经济学的范畴，也是我们前面提到的第二个研究领域。

其次，环境问题是有经济后果的。举例来说，你饮用了不干净的水，身体持续两天不舒服，于是请了两天假在家休息，并且去看了医生。这显然产生了经济后果，但是我们怎样从经济学角度来衡量污染带来的经济后果呢？有些是容易衡量的：医药费当然是要考虑的；休息的两天所损失的工资也要考虑在内。但有些是难以衡量的，例如生病期间你所遭受的痛苦和折磨，其价值很难估计。

但是估计这些污染所带来的环境损害的经济价值是十分重要的。1989 年埃克森美孚（Exxon Mobile）的一艘运输船发生泄漏，污染了阿拉斯加的海岸。除了渔民的损失，经济损害还应当包括当地居民失去散步场所的经济价值、海鸟减少的经济价值、生态遭受破坏的经济价值等等。环境经济学者们发展了很多方法来评估这些价值。这是我们前面提到的第一个领域的研究。

最后，环境政策需要经济学的助力。我们前面看到，经济学理论能够为环境政策的改善提供重要的和有帮助的思路。这是我们前面提到的第三个领域的研究。除此之外，环境政策的评估也需要经济学工具。通常我们有两个衡量经济效率的标准。一个是成本收益分析。应使得净收益最大化，也就是说：

---

① Friedman，M. The Social Responsibility of Business is to Increase Its Profits. *The New York Times Magazine*，September 13，1970.

$$\max_{q_i} \sum \left[B_i(q_i) - C_i(q_i) \right] \Rightarrow q_i^*$$

式中，q_i 表示产量，B_i 表示收益，C_i 表示成本。

另一个是效率分析（efficiency analysis）或者成本有效性分析（cost-effectiveness analysis）。我们要在达到既定的减排目标的前提下尽可能降低成本，即：

$$\min_{q_i} \sum C_i(q_i)$$
$$\text{s. t.} \sum q_i \geqslant \overline{Q}$$

式中，$\overline{Q}$ 表示目标产量。

当你阅读到这里时，希望我能把你说服：从经济学的角度研究环境保护的问题是非常重要，也是非常必要的。前面我提到过，本书的重点是第三个研究领域，所以书名定为环境经济政策，而不是环境经济学。这并不是因为其他两个领域不重要，原因只是我在其他两个领域只有零星的涉猎，并没有很好地系统学习，只有在第三个领域，我才有些能够拿出来分享的东西。下面，让我们开始环境经济政策的学习之路。

◀ **本章思考题** ▶

1. 认真地总结本章的内容，绘制本章内容思维导图。

2. 在本章中，我们简单介绍了评估环境收益（成本）的两种方法：揭示性偏好方法和陈述性偏好方法。阅读这个领域的书或者综述文章，用思维导图总结这个领域中方法的发展脉络。

3. 从局部均衡的概念出发，我们可以把一个社会污染治理的最优水平，刻画为污染治理的社会需求和社会供给的市场均衡。探讨如何把我们在本章中讨论的环境经济学的研究内容，放在这个局部均衡的框架中去组织。

4. 前些年环境经济学研究的一个热点是评估环境政策的经济影响，包括如何影响到企业的生产率、产出和贸易；这些年环境经济学学术研究的热点是讨论环境污染如何影响到企业的生产活动和公民的身体健康。讨论这些研究和我们在该章中所总结的文献的关系，并分析这些研究如何与第二个思考题中的局部均衡分析框架关联起来。

第 2 章
命令和控制型环保政策

本章学习要点
- 命令和控制型环保政策的特征和种类
- 命令和控制型环保政策实施困难的主要表现和原因
- 命令和控制型环保政策成本高昂的主要原因
- 命令和控制型环保政策的激励困境的主要表现和原因

本书的重点是研讨使用经济学理论和市场工具革新环保政策的可能性，也就是我们所说的环境经济政策。环境经济学界通常把环保政策的发展总结为三个阶段。第二个阶段是以市场为基础的环保政策的逐渐流行，典型的例子是污染权的市场交易制度；第三个阶段是以信息为基础的环保政策的出现和流行，典型的例子是美国的有毒化学物质排放清单制度。这两种类型的环保政策我们会在之后的章节讨论。那第一个阶段的环保政策是什么呢？就是我们本章要讨论的命令和控制型环保政策。

首先要强调的是，虽然在语言表述上我们称之为第一个阶段，但这并不意味着命令和控制型环保政策现在消失了。事实是，即使在我们强调环境经济政策的今天，命令和控制型环保政策仍然是环保体系的支柱和最重要的组成部分。不仅在中国是这样，在美国、欧洲国家等发达国家也是如此。世界各国都把命令和控制手段作为最有力和最后的手段来实现环保目标，强化环保政策系统。这是我们这一章讨论命令和控制型环保政策的一个原因。另外一个原因是，我们需要认识到命令和控制型环保政策的缺陷，正是因为有这些缺陷，利用市场和信息工具革新环保政策才成为必要。

第 1 节　什么是命令和控制型环保政策

什么是命令和控制型环保政策？顾名思义，这种类型的环保政策有两个关键要素：命令和控制。命令是政府发布环境法律和法规，也就是说，政府要告诉民众和企业应该做什么；控制是监测和监管，政府要确保民众和企业做到了环保法律法规所要求的内容，也就是法律法规的落实。图2-1是中国生态环境部法规与标准司网页的截图，左边列明了法律、法规、规章、生态环境标准等类别。这些都是命令和控制型环保政策，区别主要体现在政策发布主体的不同。

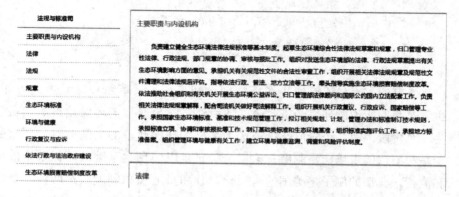

图 2-1　中国生态环境部法规与标准司网页

图2-2展示了命令和控制型环保政策的主要利害相关方：监管机构，一般来说就是政府；被监管者，通常是企业或者是公民个人。标准设置一般是

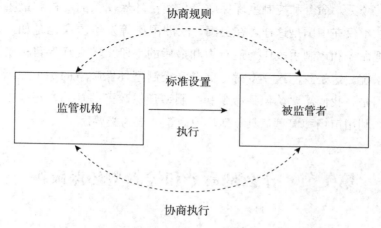

图 2-2　命令和控制型环保政策的主要利害相关方

环境保护法律法规，也就是命令部分，其主体可能是立法机构，也可能是行政机构；执行就是控制或者说监管环节，执行的主体主要是行政机构，有时也涉及司法机构。

第 2 节　命令和控制型环保政策的类型

如果你是政府雇员，被赋予很大的权力，通过发布命令和实施控制方法规制企业的环境污染行为，你会如何行动？也就是说，你想要去控制什么？或者说控制企业活动的哪些方面？

图 2-3 描述了一个很简单的企业运作过程。我们通常把企业的生产过程看作一个黑匣子。产出品中既有好的产出，也就是我们想要的产品，例如汽车或者电脑；也有坏的、我们不想要的产出，那就是污染。企业在生产过程中，使用了生产设备或技术，同时也对生产过程进行了管理。如果我们有能力的话，我们可以规制上述企业活动的各个方面：投入、好产出、坏产出、生产设备或者技术、生产过程管理等等。这样一来，我们可以将命令和控制手段进行细分。

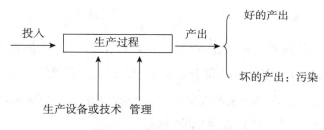

图 2-3　企业运作过程简图

一、投入监管

投入监管是指运用命令和控制的手段，要求企业在生产过程中使用某些特定原料，或者避免使用某些特定原料。

一个例子是致力于解决臭氧层空洞这一环境问题的《蒙特利尔议定书》。南极洲上空的臭氧层受到破坏，形成空洞，使得太阳对地球表面的紫外辐射量增加，会引发很多健康问题，甚至皮肤癌。在 20 世纪八九十年代，臭氧层空洞成为人类面临的非常重要的环境和健康问题。为了解决这个环境挑战，联合国环境规划署通过多次国际会议协商和讨论，于 1987 年 9 月 16 日在加拿大的蒙特利尔会议上，通过了《关于消耗臭氧层物质的蒙特利尔议定书》

（简称《蒙特利尔议定书》），并于 1989 年 1 月 1 日起生效。《蒙特利尔议定书》规定，参与议定书的每个成员将冻结并依照缩减时间表来减少 5 种氟利昂的生产和消耗，冻结并减少 3 种溴化物的生产和消耗。5 种氟利昂的大部分消耗量，从 1989 年 7 月 1 日起冻结在 1986 年使用量的水平上；从 1993 年 7 月 1 日起，其消耗量不得超过 1986 年使用量的 80%；从 1998 年 7 月 1 日起，减少到 1986 年使用量的 50%。

后来有 150 多个国家签署了《蒙特利尔议定书》，同意逐渐减少乃至杜绝一些与臭氧层空洞有关的化学物质的使用。到了今天，我们已经很少听到臭氧层空洞问题，因为近年来这个问题已经基本得到解决。《蒙特利尔议定书》被认为是环保史上最成功的国际协定。

二、产出监管

在生产技术一定的情况下，产出和污染是存在正相关关系的，限制了产出，也就限制了污染。让我们用一个简单的模型来说明产出监管。我们假定政府的目标是要最大化从生产某种商品中获得的社会收益：

$$\max\left\{p\sum q_i - \sum C_i(q_i,\ a_i) - \sum D_i(q_i,\ a_i)\right\}$$

假设产品同质，每个企业生产 q_i，价格为 p，a_i 是企业的减排投入。$\sum C_i(q_i,\ a_i)$ 是私人成本部分，是 q_i 和 a_i 的增函数；$\sum D_i(q_i,\ a_i)$ 是社会成本部分，是污染带来的损失，是 q_i 的增函数，a_i 的减函数。将上述式子对 q_i 求一阶导数，可以很直观地得到：

$$p = \frac{\partial C_i(q_i,\ a_i)}{\partial q_i} + \frac{\partial D_i(q_i,\ a_i)}{\partial q_i}$$

这个等式说明，从产出品数量的角度来说，价格不仅反映了生产成本，而且还体现了环境损害的成本。对 a_i 求一阶导数可以得到：

$$\frac{\partial C_i(q_i,\ a_i)}{\partial a_i} = -\frac{\partial D_i(q_i,\ a_i)}{\partial a_i}$$

这个等式说明，a_i 投入的水平，要使得减少污染的边际成本等于减少污染产生的边际效益。

如果政府有无限的能力，则完全能够通过规制 q_i 达到合意的水平。现在我们来看一些政府试图控制 q_i 的例子。"关停并转"是我们常听到的一个词，是控制产出的一种手段。在"高污染、高能耗"两高行业的去产能，在地方经济转型过程中所谓的"腾笼换鸟"，都是直接控制产出的做法。中国政府每隔五年就会制订一次五年计划，在其中会设置环境保护目标，其中一个衡量指标是能源强度，其计算公式是：能源使用/GDP。这个指标是在某些地方政府被列入一票否决的关键业绩指标，一旦没有完成，官员晋升会受到严重影响。在第十一个五年计划快要结束的时候，许多地区的政府发现能源强度指标很难完成。它们的做法是断掉某些厂家的供电，尤其是能源密集型行业，这样能源使用量会变小，分子变小了，指标就容易达成了。这就是所谓的"拉闸限电"，也是一种典型的控制产出的做法。

三、绩效监管：制定标准

这可能是最常见、影响也最广的命令和控制型环保政策。《中华人民共和国环境保护法》（2014）第十五条规定，国务院环境保护主管部门制定国家环境质量标准；第十六条规定，国务院环境保护主管部门根据国家环境质量标准和国家经济、技术条件，制定国家污染物排放标准。相应的媒介污染防治法中，也有类似的表述。例如，《中华人民共和国水污染防治法》（2017）第十四条规定，国务院环境保护主管部门根据国家水环境质量标准和国家经济、技术条件，制定国家水污染物排放标准。

污染物排放标准通常采用的形式是：每单位废气和废水中含有的某种污染物不能超过某个阈值。表 2-1 给出了一个例子，是我国 2015 年制定的石油炼制工业污染物排放标准。在我国生态环境部网站上，可以找到每个工业行业、每种工业污染物的排放标准。

表 2-1　石油炼制工业污染物排放标准（2015 版）

A. 水污染物排放限值

单位：mg/L（pH 值除外）

	污染物项目	限值		污染物排放监控位置
		直接排放	间接排放[①]	
1	pH 值	6～9	—	企业废水总排放口
2	悬浮物	70	—	
3	化学需氧量	60	—	
4	5 日生化需氧量	20	—	
5	氨氮	8.0	—	企业废水总排放口
...				
19	总氰化物	0.5	0.5	

续表

	污染物项目	限值		污染物排放监控位置
		直接排放	间接排放	
20	苯并（a）芘	0.000 03		车间或生产设施废水排放口
	...			
25	烷基汞	不得检出		
	加工单位原（料）油基准排水量（m³/t 原油）	0.5		排水量计量位置与污染物排放监控位置相同

B. 大气污染物排放限值

单位：mg/m³

	污染物项目	工艺加热炉	催化裂化催化剂再生烟气	重整催化剂再生烟气	酸性气回收装置	氧化沥青装置	废水处理有机气体收集处理装置	有机废气排放口	污染物排放监控位置
1	颗粒物	20	50						车间或生产设施排气筒
2	镍及其化合物	—	0.5	—	—	—	—	—	
	...								
12	非甲烷总烃	—	—	60	—	—	120	去除效率	

注：① 废水进入城镇污水处理厂或经由城镇污水管线排放，应达到直接排放限值；废水进入园区污水处理厂执行间接排放限值。

四、管理规制

管理规制主要是要求企业制定并实施以环保和健康为目的的管理体系，保证企业的生产经营活动和日常作业不造成严重的环境风险。《中华人民共和国环境保护法》（2014）第十九条规定的环境影响评价包含有类似的要素。《中华人民共和国清洁生产促进法》（2012）第二十九条规定："企业可以根据自愿原则，按照国家有关环境管理体系等认证的规定，委托经国务院认证认可监督管理部门认可的认证机构进行认证，提高清洁生产水平。"这个认证主要指的是 ISO 14001 认证。ISO 14001 认证是关于企业环境管理体系的标准。目前我国 ISO 14001 体系的认证数量是全世界最多的（见图 2-4）。

美国也有管理规制。美国职业安全与健康管理局（OSHA）制订了过程安全管理计划（Process Safety Management，PSM），美国国家环境保护局

（EPA）也有风险管理计划（Risk Management Plan，RMP），都是对化工行业的规制。风险管理计划要求化工企业在管理中，必须做好风险评估，建立风险响应机制等等。管理规制的逻辑是：如果企业中的每个人都严格按照管理体系从事自己的工作，那么生产作业造成的环境风险就会很小，即使发生环境伤害，造成的损失也不至太大。

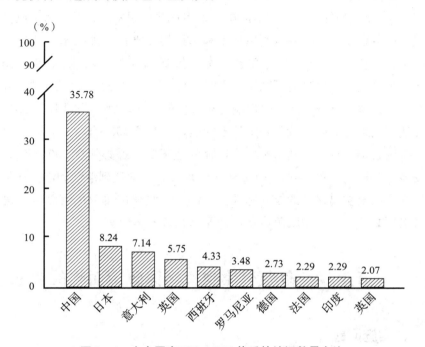

图 2－4　十个国家 ISO 14001 体系的认证数量占比

资料来源：辛效威，任翔，何冰宇. 数据分析视角下的 ISO 9001 和 ISO 14001 认证格局——基于 ISO 近 20 年的全球数据统计. 中国标准化，2017（8）.

　　管理规制面临的最大问题是：管理是管理，结果是结果，它们可能是两张皮。好的管理和好的结果，这两者并不总是牢牢挂钩的。最大的问题是：政府要求制定环境管理体系的时候，通常只是企业中相关部门的部分人参与了环境管理体系的制定，与其他一线员工的关系并不大。环境管理体系效果的发挥，需要所有员工的参与和不折不扣的执行。如果每个人都明白化学设备的危险之处，了解化学物品应该的存放范围和操作流程，牢记意外发生后的应对方法，那么环境管理体系会发挥很好的作用。如若不然，效果会很有限。这在中国 ISO 14001 环境认证中，是个困扰已久的问题。[1]

---

　　[1]　Yin，H.，Ma，C. International Integration：A Hope for a Greener China?. *International Marketing Review*，2009，26（3）：348－367.

五、技术规制

在企业生产技术和污染防治技术等方面做出规定，也是政府常用的一种命令和控制手段。例如，《中华人民共和国环境保护法》（2014）第四十条规定："企业应当优先使用清洁能源，采用资源利用率高、污染物排放量少的工艺、设备以及废弃物综合利用技术和污染物无害化处理技术，减少污染物的产生。"美国 1970 年的《清洁空气法》和 1972 年的《联邦水污染控制法》规定，企业应当采用当前可利用的最好的技术来减少污染。除了原则性的规定，在一些具体的领域，政府可以制定更具体的标准。例如美国 1987 年出台的有关地下储罐的规制，就明确了技术标准，并要求 1988 年 12 月 22 日之后安装的系统必须达到这个技术标准；现存的地下储油罐必须在 1993 年 12 月之前安装泄漏检测装置，并在 1998 年 12 月 22 日之前达到泄漏和溢出保护的技术标准，以及防腐保护的技术标准。美国在二氧化硫排放的管制中，也曾要求发电厂必须安装大型脱硫设备，并要求脱硫率达到 90%。

第 3 节　命令和控制型环保政策面临的挑战

一、实施问题

关于中国的环保政策，最常听到的抱怨是地方政府并没有认真实施中央政府颁布的法律和法规，就是所谓的有法不依和执法不严。中央政府希望保护环境，建设环境友好型社会，因此希望落实统一的环保法规。而地方政府在面临环境保护和经济发展的权衡取舍时，可能出于保护地方经济的原因，选择和企业一道，有选择地执行中央政府的法律和法规。

除了执法意愿的问题，还有执法能力的问题。命令和控制型环保政策需要通过政府的监管，才能得到有效的实施。全中国有成千上万的企业在生产过程中产生污染。地方政府受到人力和财力的限制，很难每天 24 小时、每周 7 天不间断地进行严密的监管和控制。这个问题不仅对中国来说很严峻，对任何国家都是这样。例如在美国的密歇根州，其环保机构的地下储油罐办公室只有 20 人左右，但他们要负责监管全州 30 000 个左右的地下储油罐。这些储油罐不是安装在同一个地方，而是散布在密歇根州的各个地方。靠政府的监督做到规制的有效实施是不可能的。美国审计总署曾做过一个调查，发现在美国 50 个州中，只有 19 个州能按照每三年一次的频率进行地下储油罐的巡检。这个频率是联邦政府规定的最低标准。其他 31 个州都没有办法落实这个政策，主要原因是他们没有足够的人力资源去开展巡检工作。

实施问题可以通过技术进步来解决。过去，对发电厂二氧化硫排放的监管非常难。现在所有的发电厂都有实时的监测设备，当废气被排放时，感应器会测出其中硫的含量，并把数据同步发送给环保部门。但是这种实时监测手段的应用还是很有限的。首先，并不是所有的污染物目前都能做到实时监测，例如碳的实时监测就要困难得多，碳排放的计量，现在仍然主要通过能源投入量（燃烧了多少煤和天然气）的折算来实现。其次，实时监测设备的可靠运行，也需要通过有效的监管来实现。Karplus、Zhang 和 Almond（2018）提到，在二氧化硫的实时监控数据中，存在显著的偏差[①]，需要通过严格的监管来消除。

二、成本问题

命令和控制型环保政策的实施还面临成本问题。一是监管成本。如上所述，政府为了保证环保法规的有效实施，必须投入大量人力和物力。另外一个更重要的成本，是企业的合规成本。

命令和控制型环保政策不可能给每个企业制定不同的标准、做不同的规定，标准和规定大多是整齐划一的、适用于同类型的所有企业。以技术规制为例，我们前面提到，美国为了控制发电厂的二氧化硫排放，强制要求发电厂安装脱硫装置，并且要求脱硫率必须达到 90%。但对于很多发电厂来说，这可能并不是成本最低的方法。发电厂可以通过使用高质量的低硫煤，或者使用清洁煤技术，实现硫排放的降低。安装脱硫装置只是解决问题的一种方法，如果强制使用这种技术，相当于剥夺了企业选择成本更低的硫减排办法的自由。

我们再来看绩效监管。我们看到，同行业的所有企业必须遵守统一的污染物排放标准，例如，每单位排放的污水中化学需氧量（COD）的含量标准是相同的。但是，企业之间的差别很大，有的企业设备老化，有的企业是新建的，有的企业规模大，有的企业规模小，因此，有的企业 COD 减排的成本很高，有的企业成本比较低。从成本优化的角度看，我们应当让成本比较低的企业完成大部分的减排任务，而让成本比较高的企业完成小部分的减排任务。如果每个企业执行同样的标准，这种成本优化的可能性

[①]　Karplus, V. J., Zhang, S., Almond, D. Quantifying Coal Power Plant Responses to Tighter SO_2 Emissions Standards in China. *Proceedings of the National Academy of Sciences of the United States of America*, 2018, 115 (27): 7004 - 7009.

也就没有了。

　　Tietenberg（1985）[1]发现，命令和控制方法的实际总成本与最低成本基准线的比率从 1.07（洛杉矶地区的硫酸盐排放量）到 22.0（美国所有杜邦工厂的碳氢化合物排放量）不等。这意味着，如果我们让杜邦公司给它的工厂自由选择的权利，花 1 美元就能解决问题；如果使用统一标准和做法，它们则需要花费 22 美元。[2]

　　从中国未来的发展看，选择成本最优的环保政策是非常重要的。从图 2-5 能够看到，1999 年，中国环保投资为 823.2 亿元，占当年 GDP 的 0.92%；2017 年，环保投资达到了 9 539 亿元，占当年 GDP 的 1.15%。环保投资在不到 20 年的时间里增长了 10 倍多。在过去的 20 年，中国经济发展迅速，能够支持环保投资这样的增长。但当前中国经济发展进入新常态，经济发展速度放缓，我们可以预见，环保投资的增速也会同样放缓。但是问题在于，之前环保投资增速如此快的时候，我们都没有解决问题，现在经济增速放缓，但我们面临的是同样甚至更加严峻的环境问题，我们该如何解决？我们必须寻找更经济有效的解决方案。

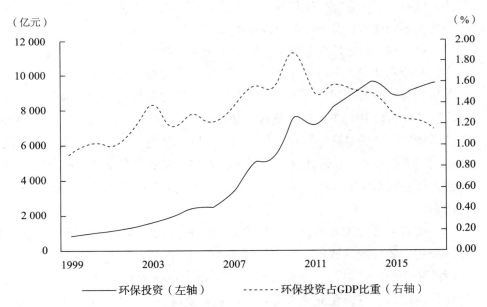

图 2-5　中国环保投资金额及其占 GDP 比重

资料来源：中国统计年鉴。

①　Tietenberg，T. H. *Emissions Trading：An Exercise in Reforming Pollution Policy*. Washington，D. C.：Resources for the Future，1985.

②　Stavins，R. N. Implications of the US Experience Market-based Environmental Strategies for Future Climate Policy. //Hansjurgens，B. *Emissions Trading for Climate Policy：US and European Perspectives*. Cambridge：Cambridge University Press，2005：63-64.

三、激励问题

　　曼昆的《经济学原理》在开篇提出了十条经济学原理，其中一条就是人们会对激励做出反应。每项法律和法规都会形成特有的激励体系，命令和控制型环保政策也不例外。但问题是，首先，命令和控制型环保政策不能形成正向的激励机制。政府让企业减排 90％，企业完全没有动力去减排 95％，因为多减排意味着成本的上升和利润的减少。图 2-6 摘自 Popp (2003)，图中横轴为年份，从 1975 年至 1997 年，纵轴是脱硫率，是发电厂从废气中去除的硫含量的比例。图中有三个窗口，代表管制电厂二氧化硫排放的三个阶段。第二个阶段为 1981—1992 年，是我们前面提到的技术管制的阶段，在这段时间，美国政府强制要求发电厂安装脱硫设备，脱硫设备的去除效率必须达到大约 90％。第三个阶段是从 1992 年开始，美国采取以市场为基础的措施，也就是下一章会讲到的环境权益交易制度。每个工厂被分配了一定数量的排污许可证，如果需要排放超出许可证数量的污染，就要向其他工厂购买许可证；如果大幅减少二氧化硫的排放并有了多余的许可证，可以将其在市场上出售。

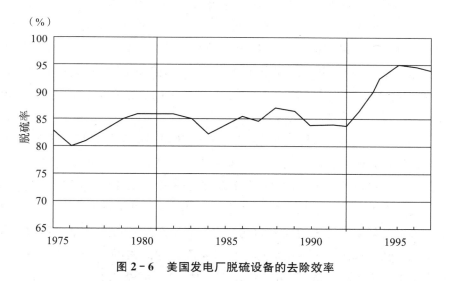

图 2-6　美国发电厂脱硫设备的去除效率

资料来源：Popp, D. Pollution Control Innovations and the Clean Air Act of 1990. *Journal of Policy Analysis and Management*, 2003, 22（4）：641-660.

　　1981—1992 年，脱硫率基本保持平稳，没有大的变化，大约在 85％。尽管当时的政策要求脱硫效率在 90％左右，但是对于一些老发电厂，脱硫率被允许维持在 70％，平均下来就是 85％。政策改变之前，技术发展使得脱硫设备能够实现90%以上的脱硫率，但是发电厂不会选择安装脱硫率更高的设备（已经有10%的发电厂安装了脱硫率达到95%以上的设备，说明技术已经达到这个水平），因为那些设备成本更高。1992年政策改变之后，脱硫率大幅提升。这个时期新安装的脱硫设备中，70%的设备脱硫率超过95%。政策的变化没有改变技术，改变的是激励。在政策改变之前，政策要求90%，工厂就达到90%，不会选择实现更高的脱硫率，因为即使实现了更高的脱硫率，也没有奖励；但在政策改变之后，工厂追求更高脱硫率的行为受到了经济上的奖励，因为它们可以把多余的许可证放在市场上出售，获得额外的收益。

其次，使用命令和控制型环保政策很容易产生负面的激励。例如，我们讨论产出监管时，提到政府为了控制产出，采取"拉闸限电"的极端措施。企业这时会怎么做呢？如果它们有一些生产合同必须交付的话，它们必须持续生产。这时，在短期内它们会选择购买小型发电机来解决没有电的问题。这些小型发电机燃烧柴油，污染更严重，但这些污染没有被计算到地方政府的能耗指标中。表面上看，我们完成了能耗强度的指标，但是这些柴油发电机造成了更多的环境污染，走向了政策初衷的反面。

另外一个非常有趣的例子来自Davis（2008）[①]。这篇文章研究了一个我们很熟悉的、类似北京的车牌尾号限行政策。牌照的最后一位数字为0~9中的一个数字，工作日的五天，每天选择两个数字限行。例如星期一是0和5，如果你的车牌最后一位数字是0或5，你就不能在星期一开车上路。这是一个非常随机的政策，每天都禁止20%左右的机动车上路。政策的目的非常明确，是为了缓解城市中的交通拥堵，并减少城市机动车辆产生的废气排放。

Davis（2008）研究了墨西哥城1989年出台的限行政策。图2-7展示的是开车带来的四种污染物，即碳氧化合物、臭氧、二氧化氮、多氧化氮在不同年份的排放量。图上的竖线标识政策的出台，从平均值上看，在政策实行前后，四种大气污染物的排放量并没有很大的改变。Davis（2008）认为，这种政策的效果更注重短期内的观察，因为限行政策产生效果可能也就是一两周的事情。如果看长期的数据，很难排除其他政策的影响。如果看短期，效果更加令人失望。碳氧化合物、臭氧的排放大幅提高了，另外两种几乎没有改变。我们可以看到，当我们实行了这个非常激进的政策之后，城市污染没有很大的改变，甚至有恶化的趋势。

① Davis，L. W. The Effect of Driving Restrictions on Air Quality in Mexico City. *Journal of Political Economy*，2008，116（1）：38-81.

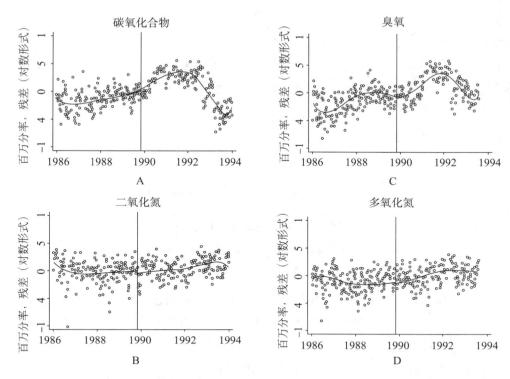

图 2 - 7　墨西哥城碳氧化合物、臭氧、二氧化氮、多氧化氮含量（1986—1994 年）

资料来源：Davis，L. W. The Effect of Driving Restrictions on Air Quality in Mexico City. *Journal of Political Economy*，2008，116（1）：38 - 81.

空气质量没有改善的原因是什么呢？

图 2 - 8 表明在 1989 年限行政策出台以前，机动车登记数量保持平稳，甚至有下降趋势；政策出台之后，机动车登记数量显著上升。人们的选择似乎是，当我不能开车但又不得不开车的时候，我只好再买一辆车。那我会买辆什么样的车呢？因为我知道，我买了这辆车，一周只会开一天。如果我并不是特别富有，我当然会选择购买一辆二手车，只要能开就行。数据显示也是这样的，新登记的机动车中只有不到 2% 是新车。因此，所观察到的登记车辆的增加，绝大多数都是来自墨西哥其他地区或更大的美国市场的二手车。二手车的排放与新车相比更加糟糕，这是我们看到墨西哥城在这项新政策出台之后，空气质量恶化的原因。

这个例子再一次表明，在实行命令和控制手段的时候，必须考虑到人们对政策的反应，因为人们的反应会影响政策的效果。就像上面的例子，如果政策目标是减少空气污染，那么这个政策效果显然是南辕北辙的。政府机构颁布了法律法规，但是被管制者并不会被动地、原封不动地接受这些法律法规，实际上他们会积极做出反应，而这些反应又反过来会影响政策的具体落实和效果。

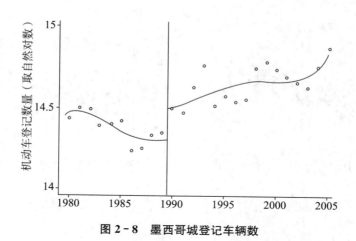

图 2-8 墨西哥城登记车辆数

资料来源：Davis, L. W. The Effect of Driving Restrictions on Air Quality in Mexico City. *Journal of Political Economy*，2008，116（1）：38-81.

所以，命令和控制型环保政策在激励方面的问题是：不能产生充分的正面的激励；很有可能产生负面的激励。在政策设计和实施的过程中，我们需要特别注意激励问题。激励问题是经济学研究的一个核心问题，这正是经济学视角能在政策设计中发挥重要作用的原因。

本章揭示了传统的命令和控制手段在实施中会面临的各种问题。尽管我们依靠传统的命令和控制手段为改善环境做了很多努力，但是现在环境污染仍旧比较严重。单单依靠传统的命令和控制手段，似乎并不能解决问题。而且公众对当前的环境状况不太满意。随着生活水平的提高，人们越来越重视环境问题，公共政策需要创新，要更有效地、以成本最优的方式实现环境治理的目标。这正是我们研究环境经济政策，试图用市场机制和经济学理论革新环保政策的目的。

◀ **本章思考题** ▶

1. 认真地总结本章的内容，绘制本章内容思维导图。

2. 命令和控制型环保政策面临的主要挑战是什么？基于你现有的经济学知识，讨论经济学中的哪些理论能够很好地帮助我们解决激励的问题。

3. 本章我们讨论了墨西哥城的汽车车牌尾号限行政策所造成的"激励误区"。在上海，为了限制汽车数量的发展，使用的是"牌照拍卖"的政策。讨论这种政策可能产生的激励是什么？是否有利于城市空气污染的治理？

4. 河长制是我国治理河流和湖泊污染的重要举措。2016 年 12 月，中共中央办公厅、国务院办公厅印发了《关于全面推行河长制的意见》。2017 年元旦，习近平总书记在新年贺词中发出"每条河流要有'河长'了"的号令。在河长制下，各级党政主要负责人担任"河长"，负责组织领导相应河湖的管理和保护工作。沈坤荣和金刚（2018）[①]在《中国社会科学》上发表的论文指出，在地方政府自主推行河长制的过程中，河长制达到了初步的水污染治理效果。但是，河长制并未显著降低水中深度污染物，揭示了地方政府可能存在治标不治本的粉饰性治污行为。

结合本章的学习，探讨河长制推行的主要出发点是什么？在实施中所遇到的主要挑战是什么？在未来的发展中，应该通过什么样的措施提升河长制的政策效果，使其能更好地实现河流和湖泊水污染治理的政策目标？

5. 秸秆焚烧是指将农作物秸秆用野外火烧的方式销毁的一种行为，秸秆焚烧对重污染雾霾天气的形成和加重起到了推波助澜的作用。从 2013 年起，多个地方政府开始命令禁止野外燃烧秸秆，并且用运动式治理的方式来实施。运动式治理指的是政府在短时期内动员大量的人力、物力和财力，实现特定社会目标的治理行为。关于运动式治理的一个重要批评是：它只能在短期内产生良好的效果，等"运动"结束之后，污染治理行为就会终止，污染会回到原初的状态。而 Wang 等（2022）[②]指出，禁止秸秆燃烧的运动式治理不但取得了很好的短期效果，而且长期效果看起来也非常不错。

结合本章的学习，探讨运动式治理的主要出发点是什么？为什么禁止秸秆燃烧的运动式治理能取得不错的长期效果？这给我们在命令和控制型环保政策的革新方面提供了什么新的思路？

---

① 沈坤荣，金刚. 中国地方政府环境治理的政策效应——基于"河长制"演进的研究. 中国社会科学，2018（5）：92-115.

② Wang, F., Wang, M., Yin, H. Can Campaign-style Enforcement Work：When and How? Evidence from Straw Burning Control in China. *Governance*，2022, 35(2)：545-564.

第 3 章
环境权益交易制度

本章学习要点
- 环境权益交易制度的理论基础
- 公共物品
- 科斯定理：（1）科斯定理中的"效率"指的是什么；（2）为什么"有效率"的结果不受产权初始分配的影响；（3）科斯定理中所承诺的"有效率"为什么在实践中很难实现
- 欧盟碳排放交易体系（EU ETS）
- 美国二氧化硫排放权交易制度
- 环境权益价格的主要影响因素
- 中国碳排放交易市场
- 全国性环境权益交易市场 vs. 区域性环境权益交易市场
- 环境权益的储蓄制度
- 可再生能源配额制度
- 碳排放交易制度与可再生能源配额制度的联系与区别

中国越来越严重的环境问题已成为中国发展的切肤之痛。在思考发展模式的同时，政策制定者面临的问题是：如何有效地通过公共政策的手段遏制环境恶化，并实现环境状况的好转？

目前的发展趋势有两个（Yin et al.，2019）。[①] 第一个趋势是强化传统的命令和控制手段。例如，2015 年 1 月，新的《中华人民共和国环境保护法》正式实施，这部环保法被称为史上最严厉的环保法，例如，规定了按日记罚的规则，而不是一个违法行为就只罚一次；允许个人或民间环保组织对企业或政府部门发起环境诉讼；把严重的环境违法归为刑事犯罪；等等。更为重要的是，很多新的机制被发展起来，用于强化法律法规的实施。例如，绿色

---

① Yin，H.，Zhang，X.，Wang，F. Environmental Regulations in China.//*Oxford Research Encyclopedia of Environmental Science*. Oxford：Oxford University Press，2019.

信贷政策，即利用银行信贷的杠杆，撬动企业提升其环保管理水平和绩效（Sun et al.，2019）①；环保督查和回头看制度，即中央派出巡视小组到地方，收集信访信息，督促环保法规的实施，纠正环保法规实施过程中的不当行为（王岭等，2019）②；行政问责制度，主要是地方领导干部自然资源资产离任审计制度，在经济审计的同时，新增自然资源和环境审计，审计的结果直接影响地方官员的考核和晋升（李博英，尹海涛，2016）③；环保约谈制度，如果地方环保工作做得不好，地方领导就会被邀请到中央生态环境部谈话（王蓉娟，吴建祖，2019）④。

这些都是非常有中国特色的环保规制手段，非常值得研究，但是本书的主要内容是环境经济政策，所以不再展开。目前我国环保政策发展的第二个趋势与环境经济学的关系更密切，那就是越来越多地借助市场工具，利用经济学的原理革新环保政策。革新要达到两个目标：首先是有效地进行环境治理；其次是用最小的成本实现环境治理。本书的主要内容是梳理这些政策革新，并通过研习这些政策理解经济学在环境政策革新和实施中的重要性。我们从环境权益交易制度开始。

`延伸阅读`

教学小游戏

我在这部分的教学中通常使用如下这样一个小游戏。多年的教学实践使我确信这个小游戏在教学中非常有用，因为它使用活泼、生动和简单的方法，把排污权交易的政策目标（以最小的成本实现给定的污染治理）、实现该目标的政策和市场机制展示得非常清楚，所以我鼓励同仁们也使用这个游戏。

游戏情景介绍：

假设科学家发现了某种危险的污染物，如果年排放量超过 4 000 万吨，就会造成严重的经济损失。调查发现，该污染物主要由 A、B、C 和 D 四家电力企业排放，目前，排放量为 8 000 万吨，因为四家企业很相似，所以假设它们每家排放 2 000 万吨。这意味着要减少 4 000 万吨的排放。政府将排污权配额公平地分给四家企业，每家都被允许排放 1 000 万吨，也就是说，每家都要减少 1 000 万吨的排

① Sun, J., Wang, F., Yin, H., et al. Money Talks: The Environmental Impact of China's Green Credit Policy. *Journal of Policy Analysis and Management*，2019，38（3）：653-680.

② 王岭，刘相锋，熊艳. 中央环保督察与空气污染治理——基于地级城市微观面板数据的实证分析. 中国工业经济，2019（10）.

③ 李博英，尹海涛. 领导干部自然资源资产离任审计的理论基础与方法. 审计研究，2016（5）.

④ 王蓉娟，吴建祖. 环保约谈制度何以有效？——基于 29 个案例的模糊集定性比较分析. 中国人口、资源与环境，2019（12）.

放。但是如果 A 只能减少 500 万吨，它想要排放 1 500 万吨，这时候 A 该怎么办呢？因为排污权配额是可交易的，所以 A 可以从其他三家企业购买排污权配额，只要另外三家愿意出售。当然，如果某家企业出售了自己的配额，那么意味着它需要减排更多。

老师会发给每个同学如下的边际成本表（见表 1）。

表 1

减少第 _ 个百万吨的碳排放（保持产量不变）	边际成本（百万元人民币）
1	0
2	2
3	3
4	4
5	5
6	6

对于第一个 1 百万吨污染物，减排成本很小，因为你需要做到的事情比较简单，比如离开企业时及时关灯。第二个 1 百万吨污染物的减排成本是 2 百万元人民币。第三个 1 百万吨的减排成本是 3 百万元人民币。依此类推。当你想要减排三百万吨时，总成本是 5（＝2＋3）百万元人民币。

很容易由此得到一个边际成本曲线（见图 1）。

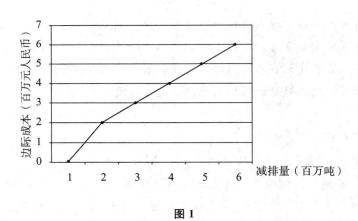

图 1

为了简化问题，在这个游戏中，假设每家企业都有充足的利润使它们留在市场中。这意味着即使你将所有的污染排放量都减去，一吨都不排放，你仍旧有利润。这排除了因为减排成本过高而破产倒闭的可能性。

游戏组织

同学们会被分成 4 组，每组 4 人，每组代表一家电力企业：A、B、C 和 D。每个同学会拿到一张写着本企业减排边际成本的表格。同学们需要做出决策，使他们所代表的企业实现利润最大化。在做游戏的时候，要提醒学生，要像在现实中一样操作：不能把自己的减排成本信息分享给其他企业。在这个前提下，鼓励学生自由买卖排污权配额。

在 15 分钟之后，要求学生报告他们交易的结果，告诉老师或者助教他们在什么价格水平上、买入或者卖出多少配额。老师再做汇总和分析。

有兴趣的老师可联系本书的作者获得相关的游戏材料。

第 1 节　环境权益交易制度的理论基础

环境权益交易制度常被称赞为运用经济学理论革新环保政策的最伟大的实验。正如我们在第 1 章中指出的，我们强调经济学与环保政策之间的自由漫步。那么让我们来看一看，经济学是如何把环境权益交易制度导入政策实践的。

我们需要知道如何从经济学的角度理解污染，例如二氧化硫排放的问题。经济学中有个概念，叫作公共物品。公共物品具有以下两个特性：消费的非竞争性（个体 A 的消费并不能减少个体 B 的消费）和消费的非排他性（个体 A 不能合法地阻止个体 B 的消费）。清洁的环境是典型的公共物品，特别是在消费的非排他性上：任何人都不能合法地阻止其他人呼吸清洁的空气。在消费上无法排他的公共物品，很容易产生"公用地悲剧"问题。清洁空气是公共物品，当我污染空气时，我不需要支付费用。我之所以不需要支付费用，是因为没有人拥有空气的所有权或者产权，因此，没有人可以阻止我把废气排放到空气中。这样，只要我有经济上的收益或者能降低经济上的成本，我就可以污染空气。

上述经济逻辑使我们认识到：我们可把空气污染的产生归结为一个产权缺失的问题。既然是一个产权问题，我们需要重新回到科斯定理。科斯定理指出，如果在一种外部性上界定和交易产权是有可能的，并且没有交易成本，那么市场上的产权交易会引致一个有效率的结果；而且无论产权的初始分配如何进行，最终结果都是有效率的。

科斯定理有两个重要的假设。第一个假设是交易费用很低，接近零。第二个假设是，在外部性上定义和交易产权是可能的。科斯定理也有两个重要的结论。第一个结论是：市场交易会引致最有效率的结果。第二个结论是：无论最初的产权分配是怎样的，都会得到同样的结果。我们首先借助图 3-1 来理解这两个结论。

图 3-1 中，横轴表示污染减排量，纵轴表示减排成本，两条直线分别表

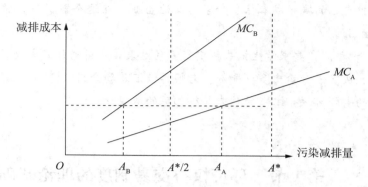

图 3 - 1   科斯定理的图形说明

征企业 A 和企业 B 的边际减排成本曲线。从图中可以看出，企业 A 的减排效率更高，与企业 B 相比，其每单位减排的成本更低。现在我们假设政府要求总的减排量要达到 A^*。我们首先考察命令和控制手段的情形：政府要求两个企业各自完成总减排任务的一半，也就是 $A^*/2$。从图中可以看出，在 $A^*/2$ 的减排水平上，企业 B 的减排成本高于企业 A。

其次我们看允许交易的情形。政府给企业发放排污配额，使得两个企业在没有市场交易的情况下，需要完成的减排量都是 $A^*/2$。我们知道在这一点上，企业 A 和企业 B 的减排成本存在差异，于是有交易的激励。企业 B 会与企业 A 商量：我减排成本很高，要不我从你那里购买排污配额，然后你多减排一些？当企业 A 多减排一单位时，它的排污配额就多出来一单位，于是可以出售给企业 B，企业 B 多了一单位配额，就可以少减排一单位。只要企业 A 和企业 B 协商的价格低于企业 B 这一单位的减排成本，并高于企业 A 这一单位的减排成本，两者都获利，交易就会发生。这是双赢的局面：企业 A 通过出售排污配额赚了些钱，企业 B 通过购买排污配额省了些钱。

那么，企业 A 和企业 B 何时会停止交易呢？答案是，当企业 A 与企业 B 的边际减排成本相同时，交易会停止。一旦边际减排成本不同，就有交易的空间，就可以再度实现双赢。可以证明，当交易停留在企业 A 和企业 B 边际减排成本相同的那一点时，整个社会为实现总目标减排量 A^* 所付出的总的社会成本最低，这也就是我们说的"有效率"。当政府确定排污上限，分配配额并允许配额进行自由交易时，企业的自由交易会使减排任务从减排成本高的企业转移到减排成本低的企业。最后，减排成本低的企业完成了绝大部分减排任务。这就是有效率的状态。

那么如果改变最初的配额分配，情况会怎么样呢？假设政府把所有配额全部给企业 B，而让企业 A 完成所有的减排任务。此时，企业 B 的边际减排成本为零，而企业 A 最后一单位的边际减排成本比企业 B 要高。这样企业 A 就会找到企业 B，让企业 B 开展些减排，使得企业 A 能从企业 B 手中购买部分配额。交易最终仍然会停留在企业 A 和企业 B 最后一单位的边际减排成本相同的地方，即最有效率的地方。这也就是科斯定理中的第二个结论：配额的最初分配并不会影响交易体系的效率。

也正是基于这一点，很多环境学者会说，环境权益交易制度不存在效率问题，不管配额怎样分配，交易总会保证最有效率的结果。虽然不存在效率问题，但排污权交易的确存在公平问题，因为配额是有价证券，分配给企业大量的配额，相当于给了企业大量的补贴。所以，在每个社会中，配额的分配都是一个很困难的过程，一个政治和经济博弈的过程。每个行业都会跟政府说，我们的利润空间不大，减排成本很高，请政策予以倾斜，也就是请多给一些配额；每个企业也会和政府或者行业协会表达同样的信息，盼望能在行业的篮子中，尽可能分配到更多的配额。这个政治博弈的过程会带来很多问题：（1）排污权交易体系的难产。这是因为政治均衡的达成需要一定的时间。（2）排污权交易体系在运行之初的混乱。在政治博弈的过程中，每个企业和行业都会夸大自己的成本。政府按照这些被夸大的成本确定的配额总量会过多。这样做的一个直接结果是：配额市场运行之初，价格会猛降。无论美国的二氧化硫排放权交易市场，还是欧洲的碳排放交易体系，都经历过市场运行之初价格猛降的阶段。配额发放过多都是其背后的重要原因。

看完结论之后，我们再回到科斯定理的两个假设。第一个假设是交易成本为零。这在现实中是不可能的。但是我们能够把交易成本降得非常低。图 3-2 展示的是碳排放额度交易的操作系统界面。它非常像股票交易，界面上有买和卖的价格，企业只需要将这个价格与自己的边际成本进行对比，边际成本高就买进额度，边际成本低就卖出额度，其实交易成本并不大。主要的成本在于熟悉交易系统、交易规则、碳减排成本和碳核算。

第二个假设要求在外部性上界定和交易产权是可行的。这是政策制定者要回答的问题。我们把空气污染理解为一个公共物品的问题，或者说产权的问题。科斯定理要求我们思考能否界定和交易产权，如果能的话，如何界定？市场如何构建？我们能定义"清洁空气"的产权吗？就像我们前面在大比目鱼的案例中界定捕鱼的权利一样。好像很难。你不能说这里的清洁空气是我的，那里的清洁空气是你的。但是学者们很聪明，我们不能界定清洁空气的产权，但我们可以界定污染空气的权利。排污配额实质上就是一种产权，这个产权给予你排污的权利。这样一个思路，就是我们今天看到的排污权交易体系的设计理念。

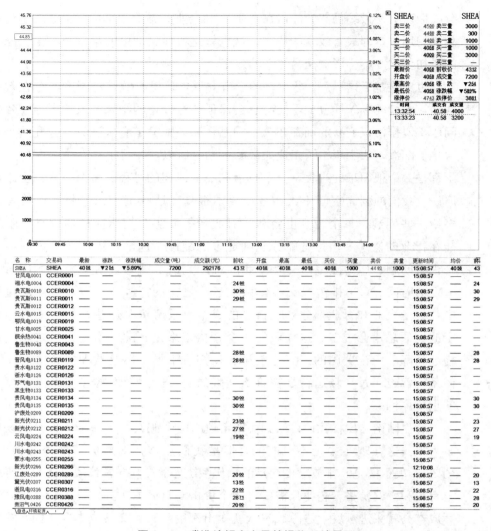

图 3-2　碳排放额度交易的操作系统界面

第 2 节　环境权益交易制度的实践

目前在全世界，环境权益交易制度的实践非常普遍。在这些交易体系中，规模最大、影响最大的有两个：美国的二氧化硫排放权交易体系，是美国根据 1990 年通过的《清洁空气法》修正案第四部分（Title Ⅳ）创建的；欧盟在 2005 年创建的碳排放交易体系（EU ETS），是二氧化碳排放许可的交易体系。在当前全球的排污权交易体系中，以碳排放配额为标的的市场占绝大多数。表 3-1 比较并总结了几个有代表性的碳配额交易市场。我们在本书中不做详细的展开。

表 3-1 全球重要的碳配额交易市场概况

市场	覆盖范围	总量设定	配额分配	参与主体	惩罚措施	储蓄	借贷	抵消	市场干预及储备	价格下限
EU ETS	30个国家（所有欧盟国家加上冰岛、列支敦士登和挪威，覆盖大约欧盟45%的温室气体排放）	前两个阶段固定总量；第三阶段(2013—2020年)：2013年初始碳排放量为20.84亿吨，每年线性减少1.74%，大约至3 800万吨，至2020年完成减少20%碳排放的目标	第一、二阶段以免费发放为主，第三阶段主要为拍卖，但仍有免费配额。工业（非电力）和供热行业根据排放表现获得免费配额；发电业通过100%拍卖获得；航空业15%的配额通过拍卖获得	超过11 000家（包括发电厂、工厂、航空公司等）	必须通过购买补齐配额；企业名字会被公布；缴纳罚款，2013年每超过一吨需缴纳100欧元，并且罚金每年都会随着欧洲消费者价格指数的上涨而上涨	允许且不受限	不允许	与CDM项目和JI项目*相关。第一、三阶段总减排量占50%。第四阶段未计划可抵消	基于数量。市场稳定储备	无
RGGI	美国东北九州	2014年碳排放量为9.1亿吨，到2020年，排放上限每年下降2.5%	超过90%通过季度、区域性拍卖获得	165家超过25MW的化石燃料发电机组	具体处罚根据各州法规而定。对于过量排放，在未来期间必须创造出三倍于超额排放量的配额	允许且不受限	不允许	可抵消3.3%，但项目有限制，目前只有一个项目被批准	基于价格，成本控制储备	每短吨2.20美元（2018年），每年通胀率外再加2.5%

续表

市场	覆盖范围	总量设定	配额分配	参与主体	惩罚措施	储蓄	借贷	抵消	市场干预及储备	价格下限
CA ETS	包含加州温室气体排放量80%的排放量，几乎覆盖了加州所有的主要行业	2018年碳排放量为3.583亿吨，至2020年每年减少3.3%。从2021年开始每年减少4.1%，履约周期变为3年	2018年50%的配额通过拍卖获得，剩下的为免费配额	大型工厂、发电厂等大约500家；二氧化碳排放量>25 000吨/年	根据《健康与安全守则》第38580条进行评估处罚（包括经罪指控、罚款、可能的监禁）	允许但不超过规定限额	将来不允许	可抵消8%，项目有限制	基于价格、成本控制储备	每单位配额15.62美元，每年通胀率外再增加5%
Tokyo ETS	东京都地区，包含20%的温室气体排放	2015—2019年：低于基准年碳排放量的15%~17%；2020—2024年：低于基准年碳排放量的25%~27%	根据历史排放量计算，阶段一的基准年碳排放量是基于每个实体选择的2002—2007财年其中连续三年的平均碳排放量	办公/商业建筑1 000家、工厂200家，每年能耗超过1 500千升原油当量或以上的设施	需减少排放量为配额缺口的1.3倍；企业名称被公示并处以罚款，最高为500 000日元（4 528美元）以及附加费（缺额的1.3倍）	允许，但只能在一个履约周期中	不允许	允许，有四种抵消类型	一般不干预市场，但在价格过度上涨情况下会提供供抵消额度	无
Korea ETS	包含韩国68%的温室气体排放	2018—2020年：每年碳排放量为5.48亿吨	2018—2020年：97%的免费配额；2021—2025年：拍卖比重将提高到10%以上	610家最大排放源，年二氧化碳排放量>125 000吨	罚款不超过年度配额平均市场价格的3倍或100 000韩元（90.85美元）/吨	允许但有条件	允许，金额限制通过公式计算	可抵消10%，项目有限制	分配委员会会对价格和数量都进行监控	拍卖底价：(过去三个月均价+过去一个月均价+过去三天均价)/3

注：*CDM即清洁发展机制（clean development mechanism）；JI即联合实施（joint implementation）。

在下面的研讨中，我们的重点是美国的二氧化硫排放权交易市场和中国的碳排放交易市场。前者是最早的大规模的排污权交易市场，其中有很多成功的经验和经历的挫折，需要我们细细地咀嚼；后者是中国正在开展的实验，其成功与否关系到中国未来碳减排政策框架的构建和发展。在论述的过程中，我们强调的是理论洞见，而不是实际的操作。需要了解实务操作的读者，可以参考《碳排放交易实践手册：碳市场的设计与实施》。①

一、美国二氧化硫排放权交易市场

我们来回顾一下美国二氧化硫排放权交易市场的发展历史和运行效果。这有助于我们理解环境政策的沿革和中国污染权交易制度的发展。

在 19 世纪中叶，美国燃煤电厂排放的二氧化硫所引发的严重空气污染受到社会广泛关注。美国是联邦国家，强调地方自主权，所以地方政府开始着手解决二氧化硫污染的问题。最初的解决措施很简单，政府要求电力公司建造非常高的烟囱。有了高烟囱，废气中的有害成分降落到地面的时候，就不会降落到工厂所在的地方。这是解决地方污染问题的尝试。慢慢地，人们发现这个方法不可行，当地是没有酸雨了，但是随着二氧化硫的扩散，其他地方下起了酸雨。二氧化硫从地方性问题变成了区域性问题。为了解决这个区域性问题，各州之间需要协作。这就是联邦法规介入的原因。

1970 年，美国通过了《清洁空气法》（Clean Air Act），把二氧化硫列为联邦政府环保部管控的空气污染物之一。该法案要求州政府制定实施方案和行动规划，达到联邦政府确定的标准。1971 年和 1977 年美国联邦政府环保部两度修正《清洁空气法》。② 前者在联邦层面上要求所有新建的火电站必须达到每百万英热单位（British thermal unit）的热输入，二氧化硫的排放不能超过 1.2 磅的排放标准，这是我们在第 2 章中所讨论的通过制定标准的方式进行绩效监管；后者则要求所有新建的火电站必须安装大型的脱硫设备，并且脱硫率要达到 90%，这是我们在第 2 章中所讨论的技术规制。

1995 年，二氧化硫排放权交易制度在美国正式建立起来。制度设计的原理和我们的理论探讨完全一致。政府在电力行业内分配一定数量的二氧化硫排放配额，电厂每排放一吨二氧化硫，都要核销掉一单位配额。电厂可以把配额出售给其他电厂，也可以从其他电厂购买配额，还可以把配额"存"起来以后使用（有效期为三年）。配额的分配是根据一段历史基期（1985—1987

---

① 碳排放交易实践手册：碳市场的设计与实施. 世界银行，2016.

② Popp，D. Pollution Control Innovations and the Clean Air Act of 1990. *Journal of Policy Analysis and Management*，2003，22（4）：641-660.

年）工厂的热输入来确定的。第一阶段始于 1995 年，包括了 110 家污染最为严重的燃煤发电厂。第二阶段始于 2000 年，涵盖所有其他容量大于 25 kW 的燃煤发电厂，再加上较小的但使用含硫量相对较高的煤炭发电的发电厂，总计约 1 420 个企业被涵盖在内。

在公共政策评估中，对于每一项政策，我们都要问两个问题。第一个是有效性（effectiveness）问题，也就是说，政策是否成功实现了最初的目标？例如，我们想要减少 100 吨二氧化硫排放，我们想要看看这个政策是否成功地减少了 100 吨二氧化硫的排放。第二个是效率（efficiency）问题，拷问的是，当我们达成目标的时候，也就是说，实现 100 吨二氧化硫减排的时候，我们花费了多少钱？我们是否找到了成本最小的办法来实现减排目标？

图 3-3 主要展示的是有效性问题。从 1994 年该制度实施之后，二氧化硫排放量逐年降低。由于这项制度的实施，二氧化硫和酸雨在今天的美国已经不是一个大的环境问题了。这说明二氧化硫排污权交易体系在降低二氧化硫排放方面是有效的。

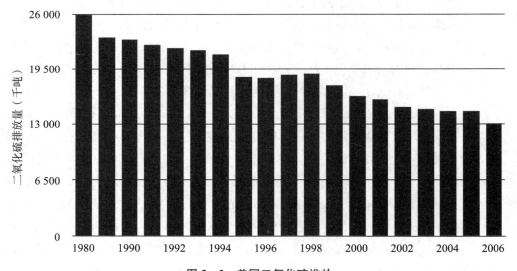

图 3-3 美国二氧化硫排放

资料来源：美国国家环境保护局网站。

我们再来看效率问题。图 3-4 摘自关于美国二氧化硫排放权交易制度最权威的著作《清洁空气市场》（*Markets for Clean Air*）。这幅图主要考察的是效率问题。该图的横轴表示各个发电机组，大约有 400 个机组；纵轴是排放率，也就是排放量与产量的比值。实线是在没有交易的情况下的排放率，是分配额度与产量的比值：没有交易，企业只使用政府分配给它的配额。垂直的柱形是实际情况下的排放率，也就是在 1997 年，在有交易系统的情况下真实发生的情况，是真实排放量与产量的比值。如果实际情况下只有很少的交易，可以想见，这些柱形应该在实线附近波动。但实际上并不是这样的。很多企业的实际排放量远高于没有交易的情形，这意味着它们购买了配额；很多企业的实际排放量远低于没有交易的情形，这意味着它们出售了配额。这幅图告诉我们的信息是：市场上有很多交易。前面的理论分析告诉我们，配额交易会带来双赢的结果。有些企业赚钱了，有些企业节省钱了，它们的境况都变好了。这就是我们说的效率，通过交易，减排的工作从减排成本较高的企业转移到减排成本较低的企业。我们前面的理论分析显示，没有交易，污染权交易制度所承诺的效率改善是不能实现的。因此，交易的广度和力度衡量了市场"有效率"的程度。

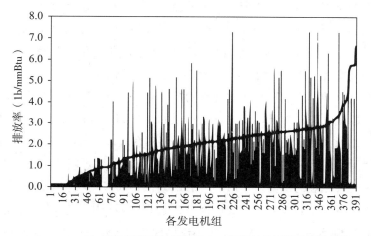

图 3 - 4　美国 1997 年二氧化硫排放权交易

资料来源：Ellerman，A. D.，Joskow，P. L.，Schmalensee，R.，et al. *Markets for Clean Air*：*The U. S. Acid Rain Program*. Cambridge：Cambridge University Press，2000.

图 3 - 4 告诉我们，美国二氧化硫排放权交易很频繁，所以理应带来很大的效率改善。有些学者实证估算了效率改善的程度。Ellerman 等（2000）估计，从排放权交易中节省的成本是在命令和控制方法下的总合规成本的55％。也就是说，如果用命令和控制手段减少二氧化硫的排放，成本是 100 美元，实施排污权交易制度后，为达到同样的减排目标，只需要花费 45 美元。[1] 用更低的成本达成了同样的政策目标，这就是有效率。但是科斯告诉我们，运用市场手段，我们应该可以得到最有效率的结果。那么接下来的问题是：我们是否得到最有效率的结果了呢？

根据卡尔森（Carlson）等人的研究，美国二氧化硫排放权交易制度并没

---

[1]　Ellerman，A.，Joskow，P. L.，Schmalensee，R.，et al. *Markets for Clean Air*：*The U. S. Acid Rain Program* Cambridge：Cambridge University Press，2000.

有实现最有效率的结果。Carlson 等（2000）发现，实际的合规成本在 1995 年超过最低成本解决方案 2.8 亿美元，1996 年为 3.39 亿美元（以 1995 年为基年）。为什么不能达到理论上的最优结果呢？因为交易是不充分的。在卡尔森等的研究中，他们发现，在第一阶段的两年中，企业之间的边际减排成本不同，而根据我们的理论讨论，在最有效率的情形下，每个企业的二氧化硫的边际减排成本应该是相等的。他们研究发现，1994—1998 年，区域间交易仅占所有交易的 3%。[①] 也就是说，加利福尼亚州的企业只与加利福尼亚州的企业交易，不与其他州的企业交易。理论上，地处不同州的企业之间，只要边际减排成本不同，就应该充分进行交易。跨州交易不充分的原因是：企业面临法规的不确定性。有些地方政府很想减少污染，如果当地企业从其他地方购买配额，就会影响本地的减排成果，所以政府不会鼓励交易。这样，人们其实对于进入跨州交易市场很犹豫。只要企业没法在一个完全自由和完全竞争市场上交易，我们就没法达到理论上最有效率的结果。

但是这并不影响环境权益交易的制度光辉，我们不应该特别在乎是否达到理论上最有效率的结果，理论总是抽象的；我们更应该关心的是，理论是否帮助我们比现在做得更好，也就是说，我们实在应该为 55% 的成本下降而开心。

最后我们再来研究图 3-5。这幅图显示了美国市场上 1994—2012 年二氧化硫排放权配额的价格。当市场开启的时候，市场价格在 150 美元左右，这远远低于经济学家们最初预测的价格。在之后的两年中，价格一直在下降，直到最低点 70 美元左右。类似的趋势不仅出现在二氧化硫排放权交易市场，而且在欧盟的碳排放交易市场也有这样的情况。那么为什么会有这样的变化趋势呢？

这主要是由信息不对称引起的。在最初评估的时候，经济学家依赖企业上报的信息，我们前面提到过，在配额分配阶段的政治博弈过程中，企业倾向于高估自己的减排成本，以争取能够分配到更多的配额。政府根据这样高估的信息，会设置比较大的配额篮子，当排污权市场开始运作的时候，企业得到了比实际需要更多的配额，市场上配额的供给很大，使得配额的价格一路下跌。欧盟的情况更为糟糕，除了配额过度供给的因素，在欧盟建立碳排放交易体系的时候，已经是 2005 年了，距离 2008 年金融危机很近，在经济危机中，企业的产量下降了，污染就没有那么多了，所以配额的需求减少了。供给很高而需求下降，价格自然就会呈下降趋势。

① Carlson, C. P., Burtraw, D., Cropper, M., et al. Sulfur Dioxide Control by Electric Utilities: What Are the Gains from Trade?. *Journal of Political Economy*, 2000 (6): 1292-1326.

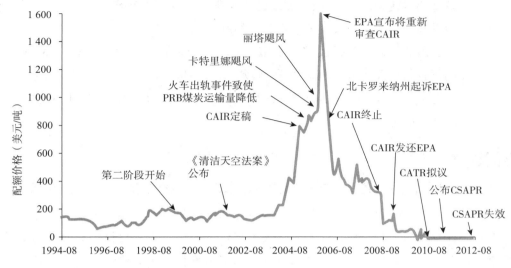

图 3-5 美国二氧化硫排放权配额价格的波动：1994—2012 年

资料来源：Stavins，R. *Economics of the Environment：Selected Readings*. 7th ed. Cheltenham：Edward Elgar Publishing，Inc.，2019.

说明：CAIR 是《清洁空气州际规则》（Clean Air Interstate Rule）；CATR 是《清洁航空运输规则》（Clean Air Transport Rule）；CSAPR 是《跨州空气污染规则》（Cross-State Air Pollution Rule）。EPA 是美国国家环境保护局。价格按照 1995 年价格水平折算，单位是美元/吨。

　　此外，不仅政府由于企业的误报会系统性地高估企业的减排成本，而且企业自己也普遍低估了自己减排的能力。当市场建立之后，企业看到市场上的价格为每吨二氧化硫排放量 150 美元左右，企业有激励去减排，因为不减排就要付出真金白银。这样就促进了减排技术的创新，这些创新使得减排成本降低，企业可以完成更多的减排量，所以配额需求进一步减少。没有人预见到这个趋势，但是当我们回头看的时候，这个趋势确实是合理的。

　　这个制度的另外一个优势是，交易体系有纠错的能力。在这个制度里，政府每年都发布新的配额，当政府看到市场上的供求关系之后，它们可以调整发行的总配额数量。之后，我们就看到，市场价格变得比较平稳，甚至轻微地上涨。

　　在图 3-5 中，另外一个引人注目的现象是，有一个位置价格骤增，达到接近 1 600 美元/吨。原因是在这段时间内，国会在讨论一项新的立法，涉及跨州大气污染物的管制，行业获得了这些信息，它们预测在这部法律颁布之后，二氧化硫配额的需求会增加，因此很多人到市场上购买配额，价格上升。但等到新法落地之后，人们发现其实影响没有那么大，之前反应过度了，所以价格回落。这个价格的异动也说明，二氧化硫排放权交易市场是个很有效率的市场，价格对需求和供给的相对关系很敏感。同时也说明，这个市场是个典型的"政策市",受政策波动的影响很大,这一点我们在图3-5中能清晰地看到,市场参与者必须注意其中的风险。

美国的二氧化硫排放权交易市场是运行比较成功、规模比较大的一个。美国还有其他几个环境权益交易市场。Schmalensee 和 Stavins(2017)[1] 系统地总结了美国这些环境权益交易市场运行的经验和教训,有兴趣的读者可参阅他们的论文。

延伸阅读

政策变化和排污权交易价格的波动:美国二氧化硫排放权交易价格的历史

在书中,我们强调,在环境保护领域不存在天然的市场。环境污染权交易市场是政府公共政策的产物。从极端来讲,政府可以通过供给端排放权配额的控制来影响市场的价格。我们回顾美国二氧化硫排放权市场价格的历史波动,能够清楚地看到政策变动如何影响交易价格的变化。因此,如果要维持市场价格的平稳,保持政策的稳定和可预期性是非常重要的。

我们还是回到图3-5,在正文中我们分析了前几年市场价格的波动。这里我们从2002年开始。2002年初,乔治·W.布什总统提出了《清洁天空法案》(Clean Skies Act),该法案在当时将大大收紧二氧化硫的排放权配额上限。然而,配额市场的价格并没有闻风而动,这说明市场参与者预期到了该提案夭折的命运,2005年3月,该提案因未能通过相关委员会而流产。

布什政府随后于2005年5月颁布了《清洁空气州际规则》(CAIR),希望借此来降低二氧化硫排放上限,新的配额上限比2003年的水平低70%。这项规则试图对那些导致美国东部地区细颗粒物排放超标[标准主要是指美国国家环境保护局(EPA)的主要环境空气质量标准,也就是国家环境空气质量标准(National Ambient Air Quality Standards,NAAQS)]的州实施更严格的排放要求。这项规则要求这些州内的污染源为每吨二氧化硫排放量支付两个额外配额——相当于将排放上限减少三分之二。CAIR规定企业可以将其现有的二氧化硫排放权配额储存下来以供未来使用,这导致出于对这一更严格排放上限的预期,配额需求进一步上涨,配额的市场价格出现飙升。在EPA的拍卖中,现货价格从2004年的每吨273美元上涨到2005年的每吨703美元。

在2005年达到峰值之后,二氧化硫排放权配额价格下跌的速度与其之前上涨的速度一样快。这是由于EPA宣布将重新审查CAIR,市场参与者也预期CAIR的通过可能会遇到法律方面的挑战,不会顺利。2006年6月26日,北卡罗来纳州和其

---

① Schmalensee, R., Stavins, R. Lessons Learned from Three Decades of Experience with Cap and Trade. *Review of Environmental Economics and Policy*,2017,11(1):59-79.

他州以及一些公用事业企业就 CAIR 起诉 EPA。各州称，该规则允许的州际交易不符合《清洁空气法案》第 110（a）条，该条规定，每个州都有义务阻止任何干扰其他州达到或维持空气质量标准的排放活动。这意味着 EPA 不能通过监管手段在二氧化硫排放权配额交易系统上建立新的交易计划。因此在努力将排放量降到《清洁空气法案》第四部分（Title IV）规定的限值以下时，EPA 必须通过排放源控制或其他类型的监管，而不能在排放端干预市场交易。因为新规定（CAIR）将代替 Title IV 成为对二氧化硫排放的约束，导致在原有的二氧化硫排放权配额交易制度下的交易将变得无足轻重。

两年后，2008 年 7 月 11 日，哥伦比亚特区巡回上诉法院完全废止了 CAIR，理由是，根据 CAIR，EPA 在涉及空气质量标准的事项中，不能忽视排放源和污染接受者之间的关系。因此，如果没有新的立法，以州际交易为核心的 Title IV 计划就不能被修改，以达到进一步减少二氧化硫的排放、提高空气质量标准的目的。在这项判决的当天，二氧化硫排放权配额价格就从每吨 315 美元跌至每吨 115 美元。配额价格在这之后持续下跌，逐步回到了 2004 年之前的水平。在 2009 年的拍卖中，现货配额（可在 2009 年或之后使用）的成交价为每吨 70 美元，而一年之前为每吨 390 美元。2010 年 7 月，奥巴马政府提出了一项新规则替代 CAIR，用以限制 28 个州的二氧化硫（和氮氧化物）年排放量。这项新规则给每个州设定一个排放上限，限定各州内发电厂的二氧化硫排放量的总量。这项规则限制了州际交易的开展。该规则于 2011 年 7 月被最终确定为《跨州空气污染规则》（CSAPR），规定只允许州内交易和两组州①之间的有限交易。不出所料，27 个州和 18 个相关群体也对这一规则提起了诉讼；2012 年 8 月，美国哥伦比亚特区巡回上诉法院宣布该规则无效。

尽管二氧化硫排放权配额市场本身运转良好，但更广泛的监管环境终结了它的有效运行。虽然配额市场名义上仍然存在，但州一级和对特定污染源的指令性监管的实施实际上消除了（企业）对联邦政府二氧化硫排放权配额的需求。到 EPA 2012 年配额拍卖时，现货拍卖和 7 年期预售拍卖的市场出清价格已分别降至每吨 0.56 美元和 0.12 美元。那些在 CSAPR 下存在二氧化硫排放上限要求的州通过各种措施来降低排放，包括强制使用脱硫塔、淘汰燃煤发电厂或者进行配额的州内交易。

从本质上讲，在国会否决乔治·W. 布什政府的《清洁天空法案》之后，一系列法规、法院裁决和监管反应说明了如下事实：（1）在国会没有具体相关立法的情况下，EPA 不能根据《清洁天空法案》建立州际配额交易体系；（2）CAIR 下的州级和污染源级的排放限制使得二氧化硫排放权配额交易制度本身失去了作用。

在不同污染源的减排成本存在异质性的情况下，二氧化硫排放权配额交易能帮助实现降低全社会减排成本的潜在收益。州政府控制二氧化硫排放的成功，使得跨

---

①　根据不同的减排要求，适用 CSAPR 的州被分为两组。

州交易的需求锐减，从而也失去了从交易中可能获得的潜在收益。当政府能够创造一个（排污）市场时，它也可以摧毁这个市场。这个历史说明，政府政策的变化可能导致市场在监管不确定性方面的预期发生改变，投资者对未来配额交易制度的信心降低，从而在更广泛的层面上降低排污权交易市场成功的可能性。

二、欧盟碳排放交易体系

作为全球碳排放治理的引领者，欧盟应对气候变化的关键政策工具是欧盟碳排放交易体系。它是目前世界上规模最大、效果最明显、最成熟的碳排放交易市场。2020年，欧盟碳排放交易体系的碳交易额约占全球碳市场份额的87%，碳排放量相对1990年减少了23%，为全球减少碳排放量做出了巨大贡献。近年来，我国积极推进全国碳排放交易市场的建设，不断强化应对气候变化的能力。欧盟碳排放交易体系的政策设计和实施经验对我国碳排放交易市场的建设具有重要的借鉴意义。

1. 欧盟碳排放交易体系的政策设计

欧盟碳排放交易体系于2005年试运行，2008年正式运行，是世界上第一个国际碳排放交易体系。它目前在欧洲30个国家内运行（包括27个欧盟成员国，以及冰岛、挪威和列支敦士登），并在2020年和瑞士对接，纳入了11 000个固定排放设施以及上述国家内的航空公司，覆盖了欧盟45%的温室气体排放。

欧盟碳排放交易体系根据"限额与交易"（cap and trade）的规则开展工作。它的政策设计是基于总量控制，即在保证碳排放总量不超过规定限值或逐年下降的前提下，欧盟内部各排放主体通过在市场上交易碳排放权，以达到有效减排的目的。初始阶段，它的具体实施办法是：各成员国根据欧盟委员会颁布的规则，为本国设置一个碳排放量的上限，确定纳入碳排放交易体系的产业和企业，并向这些企业分配一定数量的碳排放许可权——欧盟排放配额（EUA），最终汇总到欧盟层面得到碳排放总量。2013年以后，欧盟取消了各成员国对配额的自由决定权，配额总量由欧盟层面统一确定。

获得配额的企业或单位可以在碳市场上进行碳配额交易。如果企业的实际碳排放量小于分配到的碳排放许可量，那么它就可以在市场上出售剩余的碳排放权配额，从而获取收入；如果企业的实际碳排放量超过了分配到的碳排放许可量，它就必须到市场上购买碳排放权配额，否则将被处以高额罚款。欧盟委员会规定，在试运行阶段，企业每超额排放1吨二氧化碳，将被处罚

40 欧元；在正式运行阶段，罚款额提高至每吨 100 欧元，并且还要从次年的企业碳排放权配额中将该超额排放量扣除。由此，欧盟碳排放交易体系创造出一种激励机制，它激发企业等私人部门追求以最低成本的方法实现减排，不断攀升的碳价格也促进了它们对低碳技术创新的投资。

2. 欧盟碳排放交易体系的发展历程

欧盟碳排放交易体系日渐成熟，其发展历程可分为四个阶段：

第一阶段：2005—2007 年。该阶段是欧盟碳排放交易体系的试运行阶段。二氧化碳（CO_2）排放是唯一的政策对象，不包括《京都议定书》提出的其他 5 种温室气体。所覆盖的行业包括能源、石油冶炼、钢铁、水泥、玻璃、陶瓷以及造纸等行业，并设置了被纳入体系的企业的门槛，覆盖了约 11 500 家企业，其二氧化碳排放量占欧盟二氧化碳排放量的 50%。碳配额的交易在欧盟成员国之间进行，免费分配配额比例达 95%。虽然此时的碳排放交易市场尚不成熟，但仍然获得了显著的减排效果，实现了《京都议定书》所承诺的相对于 1990 年减少碳排放 45% 的目标。

第二阶段：2008—2012 年。2008 年，欧盟碳排放交易体系正式运行。该阶段的政策对象包括《京都议定书》提出的全部 6 种温室气体：二氧化碳（CO_2）、甲烷（CH_4）、一氧化二氮（N_2O）、氢氟碳化物（HFC）、全氟碳化物（PFC）、六氟化硫（SF_6）；所涉及的行业以及覆盖范围都有一定程度的扩大；免费分配的配额比例下降至 90%；处罚力度从超额排放每吨处罚 40 欧元提升至 100 欧元。这一时期的交易体系依然采取分权化的治理模式，欧盟各成员国在碳排放总量设置、分配和交易登记等方面有很大的自主权，如在碳排放量的确定方面，欧盟并不预先确定碳排放总量，而是由各成员国先决定自己的碳排放量。在碳排放权的分配上，虽然各成员国所遵守的原则是一致的，但是各国可以根据具体情况，自主决定碳排放权在产业间的分配比例。这一阶段，欧盟实现了《京都议定书》中承诺的全部减排目标。

第三阶段：2013—2020 年。该阶段的减排目标是：与 2005 年的水平相比，到 2020 年各成员国共同减少碳排放总量的 10%。2020 年，欧盟单方面承诺的整体减排目标是比 1990 年下降 20%，在其他主要经济体积极减排的情况下可将目标提高至 30%。在该阶段，碳配额总量不再由成员国分散设定，而是在欧盟层面统一确定。整体减排目标首先需在被欧盟碳排放交易体系所覆盖的行业和未覆盖行业之间划分，其次在欧盟层面确定碳配额总量，进而直接分配到各个排放单位。另外，欧盟进一步将行业拓展到石油化工领域且对象不再局限于二氧化碳，并且逐步实现向拍卖分配的过渡。2018 年，为了应对需求侧冲击和碳配额过剩问题，欧盟开始实施市场稳定储备机制

（Market Stability Reserve，MSR）。2019—2023 年，24％的剩余碳配额将被放入 MSR 中并用于拍卖（第四阶段这一比例将下调到 12％），有效地收紧了过剩的碳排放配额供给。自 2023 年起，MSR 将进一步设置持有的碳配额的上限，即超过上一年度拍卖数量的碳配额将会失效。这一机制对稳定市场预期、支撑碳价格起到了关键作用。

第四阶段：2021—2030 年。该阶段的减排目标是：与 2005 年的水平相比，到 2030 年各成员国共同减少碳排放总量的 30％。这一目标的实现比想象中严格，它要求欧盟碳排放交易体系所涵盖的行业必须比 2005 年减少43％的碳排放量。自 2021 年起，欧盟计划使碳排放配额总量以每年 2.2％的速度下降，而上一阶段的下降速度为 1.74％。另外，该阶段拍卖的碳配额由第二阶段的 10％提高至 57％，其余部分免费向排放单位提供。欧盟计划于2027 年实现全部碳配额的有偿分配，并且要求成员国应将至少 50％的拍卖收入或等值的财务价值用于气候和能源相关的项目。

3. 碳交易的价格

碳交易的价格是碳市场运行的核心。碳价格的波动对企业的生产和投资决策有着至关重要的影响。如图 3-6 所示，受 2008 年金融危机的影响，欧洲企业碳排放量大幅下降，加上碳排放配额供给严重过剩，碳价一直保持在较低水平。2018 年，欧盟不仅大幅削减了碳配额，也正式开始实施市场稳定储备机制，这一机制的建立提升了市场信心，碳价大幅回涨，超过了 20 欧元/吨。2019 年底，新冠肺炎疫情暴发之后，碳价又一度跌落至 15 欧元/吨左右。但自 2020 年 3 月起，欧洲的碳价再度回升，欧盟排放配额（EUA）2021 年 12 月期货于 2021 年 8 月 13 日的收盘价为 55.38 欧元/吨，再创历史新高。

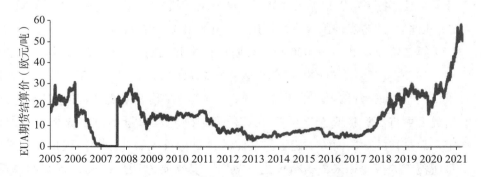

图 3-6　欧盟排放配额（EUA）期货结算价

资料来源：Wind 数据库。

2021 年以来，欧洲碳交易涨势迅猛，连续多次突破历史新高。原因主要有：（1）欧盟强化了碳减排目标，配额总量递减速率加快，碳配额总量从第三阶段（2013—2020 年）的每年以 1.74% 的速度递减提高到第四阶段（2021—2030 年）的每年以 2.2% 的速度递减；（2）第四阶段取消了碳配额抵消机制，并且碳配额分配方式从免费分配向拍卖过渡，进一步减少了碳配额供给数量[①]；（3）在惩罚机制上，对于超额排放部分，企业不仅需要补缴配额，还需缴纳罚款，同时，会被纳入征信黑名单，欧盟各成员国还可以制定叠加惩罚机制；（4）欧盟实施的市场稳定储备机制，有助于收缩市场上流通的碳配额数量、稳定市场预期，对碳价格起到了支撑作用；（5）2021 年 2 月初，伦敦《金融时报》引用了基金经理的预测，预期碳价格年底将涨至 100 欧元/吨，这进一步推动了市场看涨情绪。总体上，碳价格的上涨来自碳配额供给的减少和对未来碳价格上涨的预期。长期来看，这有利于促进企业的低碳技术投资，从生产端降低排放成本。同时也可以看到，欧盟碳排放交易体系日渐成熟，它建立了完备的配套机制以稳定市场预期、对抗不确定性的冲击。

现阶段，我国同样高度重视利用市场化机制降低温室气体排放、推动绿色低碳发展。2020 年 9 月，习近平总书记宣布中国力争于 2030 年前二氧化碳排放达到峰值、2060 年前实现碳中和。在此背景下，中国的碳排放交易市场于 2021 年 2 月 1 日正式运行。目前，我国的碳排放交易市场尚处于探索阶段，对欧盟的碳排放交易体系的研究和学习有助于我们少走弯路，规避风险。

三、中国环境权益交易制度的实践

在中国，环境权益交易制度的实践可以追溯到 1987 年上海闵行区的水污染许可证交易制度。2002 年，在美国二氧化硫排放权交易市场取得巨大成功的鼓励下，世界银行和美国国家环境保护局共同提出，帮助中国建立二氧化硫排放权交易制度。它们与中国环保部一道，于 2002 年在七个省市（山东、江西、江苏、河南、上海、天津和柳州）建立了二氧化硫排放权交易市场的试点。但是在过去 20 年的时间里，二氧化硫排放权交易制度在中国并没有真正建立起来。王金南等（2008）在他们的文章中指出："大多数二氧化硫许可

---

① 2004 年，欧盟的 2004/101/EC 号指令允许各个实体在 CDM 和 JI 下，通过开展项目合作来获取减排信用，以抵消其部分碳排放。

证买卖不是真实的市场行为。它们在当地环境保护局的协调下进行……在这种被安排好的交易中，许可证价格更受政府的指导，而不是反映供求关系。"[1] Tao 和 Mah（2009）认为："对于中国的排污权交易市场，这一两难局面导致了'国家主导'伪市场的发展，而不是一个完整的'自主'市场。"[2] 我们从理论讨论中可以看到，环境权益交易制度所承诺的效率改善，其前提是配额的自由交易，没有市场交易的话，很难相信这个体系能取得预期的效率目标。

可以说，无论是国内学者，还是国际学者，都认同二氧化硫排放权交易市场的实验在中国失败了。这是一个很令人遗憾的事实，但是更令人遗憾的是，我们并没有发现很好的研究能够系统地说明二氧化硫排放权交易试点在中国失败的原因，为未来的政策实践提供参考。我非常认同的解释来自与一位政府官员的访谈。他指出，当我们发展二氧化硫排放权交易市场的同时，我们还有命令与控制手段。打个比方说，如果中央在五年规划中，给上海的减排任务是 15%。政府通常的做法是，将上海所有的污染企业排名，选取污染最严重的二十家企业，要求它们在未来五年减排 20%。这是达成中央要求的 15% 的减排任务的最安全的办法。但是这样一来，这些排放大户按照政府采用的命令和控制手段的要求，无论如何都要减排，它们的账户里于是有了大量的配额盈余。那么这些大企业会把配额卖出去吗？这些企业大部分是国有企业，在预算软约束下可能就看不上出售配额的收入，不想为了这些有限的收益安排一个新的部门，开展员工培训等等。那么，大企业手里多出来的很多配额，其他企业有购买的需求吗？这有两个影响因素，首先，排污权交易所涵盖的企业通常都是大企业，也是政府命令和控制政策的重点，都存在配额剩余；其次，企业通常通过和政府的扯皮，实现减排任务的减免或者延期。这样，既没有需求，也没有供给，也就没有市场了。到了年底，政府为了面子上好看，让企业之间互相买卖，形成一些交易量，这也就成了坊间盛行的做法。

我们二氧化硫的排放权交易体系是失败了，但我们正在开始另外一个更为宏大的相似的政策实验：中国碳排放交易市场的发展。认真审视这个市场的发展，并推动这场政策实验的成功，是非常重要的，是环境经济学者应当关注的头等话题，因为这涉及中国未来碳管制政策体系的形成和发

---

[1] 王金南，董战峰，杨金田，等. 排污交易制度的最新实践与展望. 环境经济，2008（10）：31-45.

[2] Tao，J.，Mah，N. Y. Between Market and State：Dilemmas of Environmental Governance in China's Sulphur Dioxide Emission Trading System. *Environment and Planning C：Government and Policy*，2009，27（1）：175-188.

展，也涉及在未来，利用市场机制革新环保政策的信心。2011 年，国家发改委发布《关于开展碳排放权交易试点工作的通知》，提出要在全国发展碳排放交易市场的计划。当时提出，2013 年在七个省市建立试点，2015 年建成全国性的市场。2013 年，我国碳排放交易市场的试点在北京、天津、上海、重庆、湖北、广东、深圳七个省市如约而至。但是全国性的碳排放交易市场在 2015 年并没有建立起来。到 2015 年底，习近平总书记在巴黎气候变化大会上表示，中国全国性的碳排放交易市场会在 2017 年建成。2017 年 12 月，国家发改委印发《全国碳排放权交易市场建设方案（发电行业）》，全国性的市场建立起来了。但是这个市场局限于发电这一个行业。既定的发展目标应当是逐渐推广碳排放交易市场，覆盖八个碳排放密集的行业：石化、化工、建材、钢铁、有色、造纸、电力、航空。世界银行表示，如果中国的碳排放交易市场拓展到八个行业，中国将会成为世界上最大的碳排放交易市场，全球的碳排放交易市场也因此会成为比石油市场还要大的单一商品市场。

全国性的碳排放交易市场从 2015 年推迟到 2017 年；2017 年的全国性市场也只是涵盖发电行业；自从 2017 年建立全国碳排放交易市场以来，整个市场的发展很缓慢；这都表明了我国在推动碳排放交易市场上的审慎态度。我个人认为这是正确的。主要有两个原因：虽然有过 20 年二氧化硫排放权交易的试点，但中国企业仍然不是很熟悉排污权交易市场，需要一个学习和适应的过程；另外一个更重要的原因是，当前中国经济发展放缓，企业面临巨大挑战，如果碳排放交易市场运行起来，很多污染行业的企业的成本会有很大的上升，我们还不清楚污染权交易体系的经济影响。正如我们在前言中提到的，经济和环保在一定的时间和空间范围内存在一个平衡的关系。在经济形势堪忧的情况下，在环保上用药过猛，并不是最为理智的做法。

自碳排放交易试点建立以来，已经有九年的时间了。我们能够从这些试点中学习到什么呢？表 3-2 总结了在我国的试点省市中，碳排放交易市场的制度设计。表 3-3 总结了在其中五个试点省市的市场交易情况。

表 3 - 2　中国碳排放交易试点市场概况

市场	覆盖范围（占总排放量比重）	总量设定（百万吨）	配额分配	参与主体（家）	惩罚措施	储蓄	借贷	抵消（CCER）	市场干预及储备	价格下限
北京	45%	50（2017年）	拍卖占比不超过5%	943	罚款最高为五倍于过去6个月市场均价	允许	不允许	5%	基于价格阈值，若连续10天均价超过150元或低于20元，会进行额外拍卖	20元
上海	57%	158（2018年）	拍卖很少，占1%左右	298	补齐配额并处以5万~10万元人民币罚款	可跨期储蓄，但下一阶段能使用的量有限制	不允许	1%	如果一天内价格波动超过10%或30%，将会暂停交易或限制持有	无
深圳	40%	31.45（2015年）	拍卖占2%	794	三倍于过去6个月市场均价	允许	不允许	10%	以固定价格从储备中卖出额外额度，但只能用于履约，不可交易，或者回购总额度的10%	无
天津	55%	160~170（2017年）	基本都是免费配额	109	没有罚款，但会取消相关政策扶持资格三年	允许	不允许	10%	天津发改委会出或回购	无

续表

市场	覆盖范围（占总排放量比重）	总量设定（百万吨）	配额分配	参与主体（家）	惩罚措施	储蓄	借贷	抵消（CCER）	市场干预及储备	价格下限
重庆	50%	100（2018年）	基本都是免费配额	195	同天津	允许	不允许	8%	不能交易超过年度分配额度的50%，根据交易类型不同，涨跌有10%或30%的限制	无
广东	60%	422（2018年）	电力行业免费配额占比为95%，其他行业免费配额占比为97%	288	处以5万元人民币罚款，并在下一年中扣除2倍额度	允许	不允许	没有明确的百分比，但70%的抵消项目需来自广东省内部	总量的5%作为储备	2017年为前三个月加权均价的100%
湖北	45%	257（2017年）	基本都是免费配额	344	罚款为1~3倍市场均价，最高3万元人民币，并在下一年中扣除2倍额度	允许但针对至少交易过一次的配额	不允许	10%	总量的8%作为储备。20天内达到高点或低点，发改委会采取行动，有10%的涨跌限制	无
福建	60%	200（2017年）	最高可拍卖10%，但只举办过一次拍卖	255	罚款为1~3倍市场均价，最高15万元人民币，并在下一年中扣除2倍额度	允许	不允许	5%	如果10个交易日涨幅达到一定比例，发改委会采取行动	无

表 3-3   五个试点省市碳排放交易试点运行状况

市场	年份	总配额（亿吨）	二级市场总交易量（万吨）	总交易量/总配额	线上交易量/总配额	线上交易均价（元/吨）	加权平均价格（元/吨）
北京	2014	0.45	211.5	4.7%	2.4%	59.48	49.59
	2015	0.45	316.2	7.0%	2.8%	46.69	41.48
	2017	0.5	753	15.1%	4.9%	49.95	31.38
天津	2014	1.6	107	0.7%			20.79
	2015	1.6	97	0.6%			14.38
	2017	1.6	113.5	0.7%			9.09
上海	2014	1.6	199.7	1.2%	0.9%	37.6	38.13
	2015	1.6	294	1.8%	1.0%	23.99	20.72
	2017	1.5	996.4	6.6%	1.6%	34.86	23.27
广东	2014	4.08	191.8	0.5%	0.2%		20.64
	2015	4.08	1 468.8	3.6%	1.2%		13.89
	2017	4.22	1 756	4.2%			13.55
深圳	2014	0.33	205	6.2%	5.2%		62.2
	2015	0.35	442	12.6%	3.0%		38.1
	2017	0.3	1 127.4	37.6%			27.4

资料来源：《北京碳市场年度报告》（2014 年，2015 年 ，2017 年）；《上海碳市场报告》（2013—2014 年，2015 年，2017 年）；《2013—2015 年度广东碳市场评价及中国碳市场投资分析》；《广东碳市场 2017 年度总结报告》；《中国碳市场分析 2015》，百度文库；《中国碳市场 2014 年度报告》，百度文库。

说明：1. "总配额"和"二级市场总交易量"直接取自各年度报告，其余的值是作者计算得出。2. 天津和深圳没有任何运行状况报告，其 2017 年数据由《广东碳市场 2017 年度总结报告》中的信息倒推出来，2014 年以及 2015 年数据来自两个非官方报告《中国碳市场分析 2015》和《中国碳市场 2014 年度报告》。3. "加权平均价格"计算方式是均价的交易量加权平均，实际上就等于"总交易额/总交易量"。

从表 3-3 和图 3-7 中，我们可以观察到以下几点：首先，2014—2017年，总交易量占总配额的比重逐年提高，尤其是深圳，在 2017 年达到37.6%。我们从理论分析的部分看到，交易是这个制度发挥其"有效率"的特质的前提条件，所以交易的活跃度不断提升，是这个制度逐渐走向成熟的一个重要标志。其次，线上交易量在全部交易中所占的比例仍然非常小。但这并不是说，线上交易不重要，它至少传递出一个很好的价格信号，为线下交易提供了很重要的参照。另外，线下交易占大多数，说明这个市场上非市场因素的影响仍然很大。再次，碳配额交易价格变化非常大，以上海为例，价格高的时候在 45 元左右，但是最低的价格在 5～6 元，因为配额的有效期限通常在 3 年，这个市场提供了很大的套利空间。最后，地区之间碳配额交易的价格差别很大，在我写作本书的时候，北京的价格在 85 元左右，而深圳的价格只有 8 元左右。这表明如果全国性市场建立起来，在目前的配额额度之下，配额的地区间流动会成为一个常态。

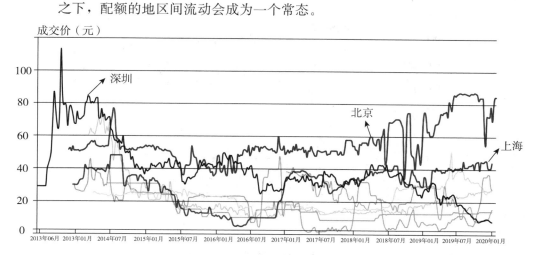

图 3-7　碳交易配额的价格波动

资料来源：碳 K 线网站。

　　我们再来看一下上海碳排放交易市场最初两年的运行状况。图 3-8 显示，在上海碳排放交易市场建立之初，没有多少交易量，几乎看不出来。2014 年中的两周，交易量剧增，因为这快到了政府进行履约检查的日期。如果你这一年排放了 10 吨，政府工作人员就要从你的账户里核销 10 吨的配额，但如果你只有 5 吨的配额，那就有问题了。所以这个时候，很多工厂需要购买配额，当然也有一些工厂可以出售配额。有趣的是，这段时间价格并没有明显上涨，原因是市场上有大量供给和大量需求。但是在检查截止日期之后，市场完全消失了，甚至连价格都没有。这说明企业真的是不适应这个新鲜事物。在与上海市环境能源交易所的访谈中，我们了解到，活跃参与市场交易的企业往往是外资企业。因为它们在欧洲熟悉了这个市场，在预算中就有这一项。而国内的企业往往很不积极。这是很正常的现象。我们强调过，环境产品不存在天然的市场。像电脑、手机之类的常规商品，它们天然有一个市场，不管你喜不喜欢这个市场，它都在那里。但是环境产品是没有市场的，排污权的许可证是政府创造出来的，政府甚至没有打印许可证，只是给企业的账户里增加一些电子化的信息。许可证不是自然存在的商品。企业需要时间来学习、积累经验，才能形成一个成熟的市场。政府尤其要认识到这一点，不能看到市场不活跃，就去用行政手段去干预，进行"拉郎配"式的交易。这样做只能是揠苗助长，重蹈二氧化硫排放权交易市场失败的覆辙。

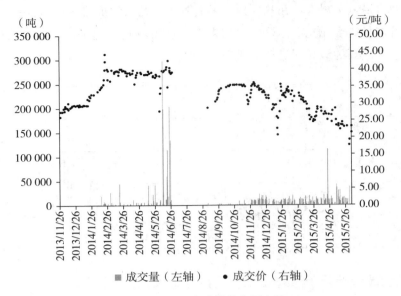

图 3-8 上海碳排放交易市场

资料来源：《上海碳市场报告 2017》。

但是在 2014 年 9 月，上海碳排放交易市场发生了一个变化。那就是，上海环境能源交易所发布了《上海环境能源交易所碳排放交易机构投资者适当性制度实施办法（试行）》，据此，凡符合实施办法规定条件的机构投资者可向上海环境能源交易所进行申报，进入二级市场交易。之后从图 3-8 中可以看到，交易量比较稳定了，这是一个非常积极的信号。

类似的创新是应当鼓励的。碳交易配额在本质上是一个金融产品，因此，金融市场的参与和创新会影响到市场的运行和有效性。各地的试点也在积极地探索各种金融创新的可能性。表 3-4 摘自中国绿色金融委员会碳金融工作组编写的《中国碳金融市场研究》，总结了各地碳市场所开展的金融创新。有兴趣的读者可参考这个报告，获得更多的信息。

表 3-4 试点碳市场主要碳金融创新

产品	碳市场	合作机构	时间	规模	影响
碳指数	上海	上海置信碳资产管理有限公司	2014-04		
	北京	北京绿色金融协会	2014-06		
碳债券	深圳	中广核	2014-05	100 000 万元	银行间债券市场绿色创新典型案例
	湖北	华电集团、民生银行	2014-11	200 000 万元	意向合作协议
配额质押贷款	湖北	宜化集团、兴业银行	2014-09	4 000 万元	首笔碳抵押贷款
		华电集团、民生银行	2014-11	40 000 万元	最大单笔碳抵押贷款

续表

产品	碳市场	合作机构	时间	规模	影响
向境外投资者开放碳市场	深圳	新加坡银河环境有限公司、英国石油公司	2014 - 09		外管局批准首次向境外投资者开放碳市场
	湖北	武汉鑫博茗科技发展有限公司、台湾石门山绿资本公司	2015 - 06	8 888 万元	
碳基金	深圳	深圳嘉碳资本管理有限公司	2014 - 10	5 000 万元	首只私募碳基金
	湖北	中国华能集团、诺安基金	2014 - 11	3 000 万元	首个证监会备案市场交易基金产品
	上海	上海海通证券资产管理有限公司、海通新能源私募股权投资管理有限公司、上海宝碳新能源环保科技有限公司	2015 - 01	20 000 万元	
	湖北	招银国金投资有限公司	2015 - 04	11 000 万元	
碳配额托管	深圳	深圳嘉德瑞碳资产股份有限公司	2014 - 12		首个碳配额托管机构
	湖北	深圳嘉德瑞碳资产股份有限公司	2014 - 12		第三方管理企业碳资产新模式
绿色结构存款	深圳	兴业银行、惠科电子（深圳）有限公司	2014 - 12	约 20 万元	
碳市场集合资产管理计划	上海	海通证券、上海宝碳新能源环保科技有限公司	2014 - 12	20 000 万元	首个大型券商参与的碳市场投资基金
CCER 质押贷款	上海	上海宝碳新能源环保科技有限公司、上海银行	2014 - 12	500 万元	扩大可抵押碳资产范围
	上海	浦发银行、上海置信碳资产管理有限公司	2015 - 05		
配额回购融资	北京	中信证券、北京华远意通热力科技股份有限公司	2014 - 12	1 330 万元	开创企业融资新渠道
	广东	壳牌、中国华能集团		200 万吨	
碳配额抵押融资	湖北	湖北宜化集团有限责任公司、兴业银行武汉分行	2014 - 09	4 000 万元	首单碳排放权质押贷款
	深圳	深圳市富能新能源科技有限公司、广东南粤银行深圳分行	2015 - 11		
	北京	建设银行北京分行	2015 - 07		
	广东	华电新能源集团股份有限公司、浦发银行	2014 - 12	1 000 万元	
碳资产抵押品标准化管理	广东		2015 - 02		
碳排放信托	上海	中建投信托、招银国金投资有限公司、北京卡本能源咨询有限公司	2015 - 04	5 000 万元	

续表

产品	碳市场	合作机构	时间	规模	影响
碳配额场外掉期	北京	中信证券、北京京能源创碳资产管理有限公司	2015-06	50万元	首个碳衍生交易产品,交易方式重大创新
CCER碳众筹项目	湖北	汉能碳资产管理（北京）股份有限公司	2015-07	20万元	
碳资产质押授信	北京	建设银行	2015-08		四大行首次接受碳资产作为抵押品
借碳	上海	申能集团财务有限公司、上海外高桥第三发电有限责任公司、上海外高桥第二发电有限责任公司、上海吴泾第二发电有限责任公司、上海申能临港燃机发电有限公司			
借碳	上海	上海吴泾发电有限责任公司、中碳未来（北京）资产管理有限公司	2016-01	200万吨	
借碳	上海	上海吴泾发电有限责任公司、国泰君安	2016-02		
碳现货远期	广东	广州微碳投资有限公司、两家当地控排企业	2016-03	7万吨	
碳现货远期	湖北	湖北碳排放权交易中心	2016-04		全国首个碳现货远期交易产品

资料来源：《中国碳金融市场研究》。

延伸阅读

碳边境调节机制

一、碳边境调节机制

2021年7月14日，欧盟委员会发布了"Fit for 55"一揽子减排计划，旨在实现到2030年温室气体排放量在1990年的基础上减少55%和到2050年达到碳中和的目标。这项计划中备受争议的部分是碳边境调节机制（Carbon Border Adjustment Mechanism，CBAM）提案。它的主要目的是保护欧盟企业的国际竞争力免受威胁，同时避免碳泄漏的风险。

CBAM提案提出，将2023—2025年作为过渡阶段，CBAM所覆盖行业的产品进口商必须报告产品的碳排放量，欧盟在此期间不征收任何费用。从2026年开始，要求进口商根据进口产品生产过程中所产生的超限排放量，支付碳边境调节税。CBAM运行机制的具体流程包括：

（1）CBAM所覆盖商品的进口商需要获得欧盟专设管理部门的授权，并购买CBAM证书。证书的价格将参考欧盟排放交易体系配额的每周平均拍卖价格。

（2）进口商必须在每年 5 月 31 日之前申报上一年进口到欧盟的产品总量和这些产品所含的碳排放量。

（3）进口商必须提交与这些产品所含的碳排放量相对应的 CBAM 证书。如果进口商可以证明已经在第三国支付了碳价，则可以扣除相应的金额。

根据 CBAM 提案，碳边境调节税在过渡时期仅应用于碳泄漏风险高、碳排放高、实施可行性高的五个行业：钢铁、水泥、化肥、铝和电力，而且只针对此五类产品生产过程中直接排放的温室气体。过渡时期结束后，欧盟委员会将评估 CBAM 的运作效果，并且决定是否将其范围扩展到更多的产品和服务，包括上述五个行业的下游终端产品。

二、CBAM 的潜在影响

欧盟认为，CBAM 提案确保在欧盟境内生产的产品和从欧盟境外进口的产品支付相同的碳价格，因此是非歧视性的，符合世界贸易组织（WTO）规则和欧盟的其他国际义务。但是，欧盟的 CBAM 提案在国际上引起了强烈反响。

澳大利亚认为，CBAM 是一种贸易保护主义政策，欧盟不应该以创造公平的竞争环境为由，对碳排放密集型产品征税。作为欧盟最大的贸易国，俄罗斯认为，CBAM 不符合 WTO 的规定，本质上可能会转变为新的关税。2020 年 6 月召开的 WTO 市场准入委员会会议中，中国、美国、印度、巴西、沙特阿拉伯、菲律宾等成员国均对欧盟的 CBAM 提案是否符合现行贸易规则提出疑问。此外，欧盟内部对征收碳边境调节税也存在较大分歧。

CBAM 的实施效果可能最终取决于欧盟如何设计税收机制。首先，不可否认的是，CBAM 已经对世界各国形成了很大的减排压力。和《巴黎协定》等国际条约相比，CBAM 更具有约束力、更具有可操作性，理论上能够倒逼各国企业进行碳减排。如果俄罗斯、中国、美国、印度等碳排放大国被欧盟纳入这项贸易规则，这将对减少全球温室气体排放、缓解全球气候变化起到非常积极的作用。

其次，CBAM 提案可以在一定程度上防止碳泄漏问题。倘若不存在 CBAM 类似机制，总部设立在欧盟的企业有激励将碳排放密集型的生产线转移到国外，以利用其他国家尤其是发展中国家不太严格的环境管制，获得市场优势。另外，欧盟的碳排放交易政策削弱了其产品在国际竞争中的价格优势，欧盟的低碳产品可能逐渐被他国的高碳产品所取代。欧盟碳排放交易体系（EU ETS）下的企业履行了严格的环境义务，为全球气候变化做出了很大贡献，CBAM 提案在防止碳泄漏问题的同时，也可以缓解这些企业的生存压力。

但是，从贸易原则的角度出发，CBAM 将会受到很多挑战。CBAM 是对进口产品征税，征税的依据是温室气体排放量超过欧盟制造商所允许门槛的程度。本质上，它类似于一种新的关税，因此也将引发一系列类似加征关税导致的贸易问题。从目前的国际反应来看，欧盟还需要为 CBAM 的实施付出很多努力。其一，欧盟不应对欧盟外的企业征收碳关税的同时，对欧盟内的企业提供免费的碳配额；其二，欧盟不应以 EU ETS 的碳价格对进口产品的碳排放进行统一定价，不同国家或地区碳排放的社会成本和碳减排的成本各不相同；其三，如果欧盟不能公平公正地评估不同国家不同企业生产的各种产品的碳排放量，并且取得国际上的认可，CBAM 提案将不可能顺利实施。可以预见的是，欧盟单方面并不能真正做到"公平公正"，这将引发大量的贸易争端，甚至贸易战，助长逆全球化趋势。

三、中国的态度

中国一直非常关注碳边境调节税问题，对目前欧盟的 CBAM 提案持反对立场。首先，世界各国处于不同的发展阶段，它们的经济发展水平、能源结构和环境承载力各不相同，因此碳排放的社会成本也不相同，各国的企业也面临不同的减排成本。相对于欧盟来说，发展中国家和欠发达国家的碳排放的社会成本较低。欧盟的 CBAM 提案按照 EU ETS 为碳排放定价，违反了公平原则、共同但有区别的责任原则和各自能力原则。

其次，2021 年 4 月 8 日发布的《第三十次"基础四国"气候变化部长级会议发布的联合声明》中，四国部长认为碳边境调节机制是一种贸易壁垒，违背了国际贸易原则，并对其公平性提出质疑。2020 年 11 月 16 日，中国驻欧盟使团、欧盟中国商会和欧洲工商峰会联合主办中欧绿色合作高级别论坛。中国生态环境部气候变化事务特别顾问解振华出席会议并指出，CBAM 在有效性、正当性、合法性和技术复杂性上都存在问题，中国对此持反对立场。

最后，值得我们注意的是，虽然目前欧盟的 CBAM 提案是不成熟的，但我们仍然可以看到未来碳减排国际合作的可能趋势。在应对全球气候变化方面，中国承诺争取 2060 年前实现碳中和，启动了全国碳排放交易市场，这将有利于未来中国关于碳边境调节税的国际合作和对话。

资料来源：Carbon Border Adjustment Mechanism：Questions and Answers. European Commission，2021 - 07 - 14.；The Carbon Border Adjustment Mechanism Explained. Rabobank，2021 - 07 - 16.；李宏策. 欧盟计划征收碳边境调节税，到底什么情况. 碳交易网，2020 - 07 - 27；欧盟拟征碳边境调节税. 新浪网，2021 - 08 - 10.；张中祥. 碳达峰、碳中和目标下的中国与世界——绿色低碳转型、绿色金融、碳市场与碳边境调节机制. 人民论坛·学术前沿，2021（14）.

第 3 节　两个重要的制度问题

一、统一的全国市场？

前面我们看到，美国的二氧化硫排放权交易并没有达到"最有效率"的情形，主要是因为跨地区之间的交易不够活跃。现在我们下定决心要建立一个全国性的环境权益交易市场。这就是说，我们要涵盖所有地区，既包括东部发达地区的上海和浙江，也包括中部地区的湖南和湖北，还包括西部地区的甘肃和青海……所有的省份都在一个统一的大市场中，这是一个好主意吗？

从科斯定理来看，答案是肯定的。科斯定理中的有效率指的是用最小的成本实现既定的环境治理目标。减排成本在各个地区有很大不同，当全国市场建立的时候，北京的企业可能和天津的企业交易，也可能和甘肃的企业交易，它们都能变得更好。在美国，就是因为地区间交易不足，才达不到理论上的最优结果。因此，理论上，我们应该减少交易阻碍，建立一个统一的市场，利用各地不同的减排成本，从而更好地实现"有效率"的目标。

但我们需要明确的是，在科斯定理的效率命题中，我们只考虑了成本，有效率意味着尽量降低减排成本，最有效率的结果在各个企业的边际减排成本都相等（条件1）的时候出现。在这里，我们没有考虑收益：减排带来的社会收益。经济学原理告诉我们，要使社会收益最大化，减排的边际成本要与污染造成的边际损害（也就是减排的边际收益）相等（条件2）。要使条件1和条件2同时满足，则要求所有地区、所有企业减排的边际收益都相等，或者说排污的边际损害都相等。实际上这是不可能的。比如在青海，环境可能更脆弱，如果污染严重，可能使青海湖被损害，生物多样性被破坏等，对人类来说是严重的损失，所以在青海污染的边际损害会更大。当然你也可以反过来想，比如上海人口众多，人口密度大，一旦污染严重，受到损害的人很多，污染的边际损害比青海更大。

如果后者是正确的，同一单位污染在上海造成的边际损害更大，我们来看看会发生什么情况。因为上海已经做了大量减排的努力，就像欧洲一样，如果上海还想减少更多的排放，成本会很高；但是在青海、甘肃等落后地区，它们之前没有做多少减排努力，还有很多低成本的减排空间，所以它们的减排成本很低。这样一来，我们可以预见，如果形成一个全国性的自由的碳排放交易市场，上海的企业会从青海、甘肃的企业购买配额，这相当于上海为了降低成本引入了很多污染，从收益角度来看这就是个灾难，因为这会导致更大的社会损害。有人可能会说，当污染物的损害不具有地域性的时候，这不是个问题，正如碳排放，在上海和青海产生一单位的碳排放，在全球变暖方面的贡献是一样的，在各地区的影响也是一样的。这是完全正确的，但我们需要认识到的是，碳排放有很多同源的污染物，例如碳化物和粉尘，这些污染物的损害是有地域性的。在对这些污染物的管制不够的情况下，碳配额的买入会导致这些污染物的增加，使得地方污染问题恶化；在对这些污染物的管制很严格的时候，又会存在这些地方因为污染物的管控而出现碳配额盈余的问题。这其中有很多问题可以研究，期待更多的同行和学生去探索。

在这些问题没有理清之前，我的建议是，我们不能建立统一的市场，而应该考虑经济发展和人口密度等因素，建立区域性的市场，例如华东市场、华南市场和西部市场等等。为了社会收益的最大化，适当牺牲一些效率是合理的。

二、关于储蓄机制的争论

另一个值得讨论的是储蓄机制。企业可以把配额存起来，以待未来使用。对储蓄机制的最主要质疑是：企业在前些年储存起来的配额，在后来的年份抵销排放，会造成未来企业排放的可控度降低，也就是，企业真实的排放高于当年发放的配额。对储蓄机制的最主要支持是：它提供激励，让企业能够尽早地采用减排的先进技术手段。如果没有储蓄机制，企业可能会拖延减排设备的投资，充分使用其所拥有的配额；有了储蓄机制，企业有动机尽早投资于减排设备，这样节省下来的配额能够储存起来，以备未来使用。

在我国当前排污权交易的试点中，大多都有储蓄机制的设计。解决前一个质疑的做法，是规定配额的退休年限或者储蓄年限，例如每年发放的配额在三年之后就必须退出流通。

第 4 节 可再生能源配额制度

可再生能源配额制度（Renewable Portfolio Standard，RPS）是一项鼓励新能源产业投资的政策。这与我们之前介绍过的二氧化硫排放权交易和碳排放交易体系看起来没有什么关联，我们为什么在这里讨论这项政策呢？答案就在本节最后。

一、可再生能源配额制度的设计

为了鼓励新能源发电产业的发展，美国出台了很多支持政策，其中最重要的是可再生能源配额制度。该制度要求所有售配电企业证明它们支持一定数量的可再生能源发电。大多数 RPS 政策是通过信用交易机制实施的，即买卖可再生能源信用证（renewable energy credit，REC）。这个制度在美国非常流行，美国有 30 个州通过立法，建立了自己的 RPS 政策体系。

我们来看一下这个制度是怎么运作的。假设密歇根州实行了可再生能源配额制度。州议会通过了一项法律，到 2020 年发展新能源的目标是 20%。

这意味着，电力企业 A 如果出售了 100MWH 的电，必须证明其支持了 20MWH 的新能源发电。电力企业 A 有三种不同方式来证明。第一，它可以建立一个风力或太阳能发电站，自己生产 20MWH 的新能源电力。第二，它可以从风力或太阳能发电厂购买 20MWH 的新能源电力。第三，它可以不生产或者购买任何物理意义上的新能源电力，而是购买可再生能源信用证。

那么，可再生能源信用证是什么？又是怎么产生的呢？我们假设企业 B 是一家独立的新能源发电厂，在风电方面投入了大量研究，所以效率很高，新能源发电的成本很低。企业 B 今年生产了 100MWH 电，都是风电。政府认为这是好事，应该给予奖励，于是给了企业 B 100 张可再生能源信用证。但是根据法律规定，它只需要证明支持了 20MWH 新能源发电就可以了，也就是说，企业 B 只需要留 20 张信用证在自己的账户中，就能够向政府证明自己遵守了法律规定（1 张信用证代表 1MWH 新能源发电）。这时企业 B 的账户里还剩余 80 张信用证，这 80 张信用证可以在市场上出售。谁来买呢？需求来自像 A 这样的企业。企业 A 在衡量它的三个选择时可能会觉得前两个选择成本太高：第一个要自建新能源发电厂，第二个要建设局部的输电线路。在两个选择成本都很高的情况下，如果成本高于市场上 20 张可再生能源信用证的价格的话，那么为什么不直接从企业 B 手中购买可再生能源信用证呢？

我们看到，在这个政策发布之前，企业 B 只有一种产品，那就是电。这个电与传统燃煤发电厂生产的电没有区别。这个政策发布之后，企业 B 有两种产品，当它生产 1MWH 电时，它同时生产 1 张可以在市场上出售的可再生能源信用证。如果信用证很贵，可能 A 就不会买了，直接自己建造新能源发电站；或者另一家新能源发电企业 C 进入市场，市场上会有更多可再生能源信用证，价格会降低。这样一来，不管哪家企业生产新能源电力，都可以保证最后会有 20% 的电是以新能源发电方式生产的。而且更重要的是，通过可再生能源信用证交易体系，最终用新能源发电的任务是由成本最低的企业来完成的。

二、中国可再生能源配额制度的实践

明白了可再生能源配额制度的设计理念，我们来反思一下中国可再生能源配额制度的发展历程。从前面的讨论中，我们能够看到，可再生能源配额制度有两个核心的制度设计要点。首先，可再生能源配额制度是一项着眼于需求侧的政策，而不是刺激供给侧的政策。美国有 30 个州施行了可再生能源配额制度，大多数指向的并非发电企业，而是发电企业的交易对手——售配电企业，即规定电力批发市场中的购电企业在其所购电力中必须有一定比例或者数量来自可再生能源。这一点非常重要，如果一味地刺激供给侧，给发电企业提要求，那发出的电上不了网，只能使困扰能源行业多年的弃风、弃光现象愈来愈严重。给需求侧提要求，需求侧为满足法律规定，自然会通过市场寻找并购买可再生能源电力，这样发电企业和专注于可再生能源开发的独立发电商有了市场，也就有了动力继续开发可再生能源。

其次，可再生能源配额制度是一项着眼于市场的制度，而不是着眼于规划的制度。可再生能源配额制度一个重要的设计要素是可再生能源信用证交易制度。可再生能源发电企业生产的电力全部会获得可再生能源信用证，可以在市场上自由交易。这样一来，如前所述，购电主体不必自建新能源发电站或者直接购买可再生能源发电企业生产的电力，它完全可以从可再生能源发电企业购买可再生能源信用证，以满足配额要求。这一制度让可再生能源电力具备了两种商品属性，一种是正常的电力，和火电一样在市场上销售；另外一种是表征其生态属性的可再生能源信用证，也能通过市场来销售以获得收益。在可再生能源配额制度要求下，购电主体有动力购买可再生能源信用证，因为其完不成法规要求的配额所面临的罚款，通常是市场上可再生能源信用证价格的数倍。

中国从 2013 年开始讨论建立可再生能源配额制度，但是在政策设计上并没有很好地重视这些关键的制度要素。2016 年 4 月，发展可再生能源心切的国家能源局放出大招，印发《关于建立燃煤火电机组非水可再生能源发电配额考核制度有关要求的通知》，其中明确提出，2020 年各燃煤发电企业承担的非水可再生能源发电量配额与火电发电量的比例应在 15% 以上。这一要求有两个缺陷：第一，鞭子打在供给侧身上，确实可以促进可再生能源发电装机的增加与发电能力的提高，但是消纳不了怎么办？只能又去找电网企业。这种"头痛医头、脚痛医脚"的做法，往往是费力不讨好的。第二，要求放在现有的火电企业身上，不顾火电企业在火电领域的技术和比较优势，这不如通过市场手段，让那些在可再生能源发电方面有技术优势的企业去承担可再生能源发展的重任。怎么实现这一点？这就要建立可再生能源信用证交易制度。缺失了可再生能源信用证交易市场的可再生能源配额制度，只能是传统计划经济思维的再版，通过命令和强制手段，迫使发电企业和购电主体发展一定比例的可再生能源，这必然会给企业带来成本上升的巨大压力。可再生能源信用证交易制度设计的目的就是，在确定实现可再生能源总量发展目标的前提下，通过市场交易机制实现成本的最小化。

不重视关键的制度要素，自然不能发挥制度优势，反而造成了新能源发电市场上长时间供需错配的现象。2018 年 3 月 23 日，国家能源局发布了《可再生能源电力配额及考核办法（征求意见稿）》。这份政策体现了两个重要的原则：一是政策的发力点应放在需求侧。如明确提出，"承担配额义务的市场主体包括省级电网企业、其他各类配售电企业（含社会资本投资的增量配电网企业）、拥有自备电厂的工业企业、参与电力市场交易的直购电用户等"，这改变了以往抓住发电企业（电力市场的供给方）不放的思路，开始在电力市场的需求侧发力。二是可再生能源信用证要实现真正的自由交易。如明确提出，"各省级电网公司制定经营区域完成配额的实施方案，指导市场主体优先开展可再生能源电力交易"，这也向市场引领的原则大大前进了一步。可以说，2018 年这个办法的颁布，是可再生能源电力政策的重要进步，经过五年的磕磕绊绊，终于走上了正路。这是我讲述可再生能源配额制度在中国发展的第一个目的：政策的出台需要理论的指导，只有清楚了政策设计背后的理论基础，苛求神似，而不是简单地追求形似，才能取得预期的政策效果。但下面这第二个目的更重要。

三、可再生能源配额制度和环境污染权交易制度

可再生能源配额制度和环境污染权交易制度在政策目的上很不相同，前者是鼓励支持可再生能源的发展，而后者则是降低环境污染物的排放。但是我把它们放在同一章，两者内在的联系是什么呢？我们接下来思考这样一个问题：为什么在自由市场中，没有很多企业愿意投资新能源发电呢？用更规范的经济学语言来说就是，为什么由市场自由决定的可再生能源的投资，低于社会最优的可再生能源投资呢？

解释是可再生能源发电有很强的正外部性。用风能或者太阳能发出的电，与用燃煤方法发出的电，在消费者眼中没有任何差别。所以，在消费者支付同样价格的情况下，风能或者太阳能电力不造成环境污染，或者有助于提升环境质量，这就是正的外部性。科斯定理告诉我们，如果能在外部性上定义和交易产权，自由市场交易就能够解决问题。那么，在可再生能源的正外部性上，能否定义产权呢？答案是能，那就是可再生能源信用证。产权能否交易呢？答案也是肯定的，那就是可再生能源信用证交易制度。

这和污染权交易制度的设计思路是一样的。不同的是，可再生能源配额制度是在正外部性上定义和交易产权；污染权交易制度是在负外部性上定义和交易产权。之所以有这样的设计，是因为我们把这两类问题都归结为因为产权界定不清而产生的外部性的问题。所以这两个政策的理论根基是相同的。两者的理论根基相同，政策的目标也神似：可再生能源配额制度的目标是用最小的成本实现特定的可再生能源发展的目标；污染权交易制度的目标是用最小的成本实现特定的污染物减排的目标。

所以我们看到，从理论角度理解问题，并从此出发进行政策设计的重要性。同样是科斯定理，我们可用来指导设计旨在鼓励新能源发展的政策、旨在鼓励污染物减排的政策，也可用来指导设计旨在避免自然资源枯竭的政策（第 1 章中大比目鱼的例子），原因只有一个：当我们从经济学的视角去审视这些环境问题的时候，我们可以把它们理解成因为产权界定不清而产生的外部性的问题。政策实践重要，但理论学习更重要。

◄ **本章思考题** ►

1. 认真地总结本章的内容，绘制本章内容思维导图。

2. 本章学习的鼓励可再生能源发展的可再生能源配额制度，扼制碳排放的碳排放交易体系，以及第 1 章的控制渔业资源枯竭的个人可转让配额制度，其理论根源都是科斯定理。

2017 年 9 月，工信部发布《乘用车企业平均燃料消耗量与新能源汽车积分并行管理办法》（简称双积分政策），并于 2018 年 4 月 1 日正式施行。根据该政策，在平均燃油消耗量积分方面，若车企生产的燃油车油耗高于相应的油耗标准，将会产生负积分，油耗小于标准，产生正积分；在新能源汽车积分方面，企业所生产的新能源乘用车数量超过政府规定的标准，企业将获得正积分，否则出现负积分。按照政策规定，如果车企没有满足积分为正的要求，将会被暂停高油耗产品申报及生产。总积分为负的企业，可以通过生产低油耗车型及新能源车型获得正积分，也可以购买其他车企的正积分。

这种汽车行业的积分制影响很大。表 1 展示了特斯拉在汽车业务板块的收入，如果没有积分收入，特斯拉的汽车业务是亏损的。请从科斯定理的角度解析双积分政策。这项政策要达到的经济目标是什么？企业应该怎样充分利用双积分政策参与市场？

表 1　特斯拉汽车业务收入

	2019 年第二季度	2019 年第三季度	2019 年第四季度	2020 年第一季度	2020 年第二季度	2020 年第三季度	2020 年第四季度	2021 年第一季度
汽车业务收入（百万美元）	5 376	5 353	6 368	5 132	5 179	7 611	9 314	9 002
其中积分收入	111	134	133	354	428	397	401	518
汽车业务盈利率	18.9%	22.8%	22.5%	25.5%	25.4%	27.7%	24.1%	26.5%

续表

	2019 年第二季度	2019 年第三季度	2019 年第四季度	2020 年第一季度	2020 年第二季度	2020 年第三季度	2020 年第四季度	2021 年第一季度
净收入（百万美元）	−408	143	105	16	104	331	270	438
扣除积分后的净收入（百万美元）	−519	9	−28	−338	−324	−66	−131	−80

资料来源：特斯拉各期的财务报表。

3. 本章中我们总结了我国各地碳排放交易市场试点方案的差别。这是一个不完全的总结。各地碳排放市场还有很多细节上的差别。其中，各个行业在配额总量的确定上有两种做法：限定企业碳排放总量和限定企业碳排放强度。例如：北京对水泥行业的控排企业采取了总量控制；而目前的全国碳市场仅覆盖电力行业，采用的是强度控制的方法。请试着探讨这两种制度设计在减排效果上会有什么不同。[Cui 等（2021）[①] 探讨了这个问题，可作为参考。]

4. 2021 年 7 月 16 日，中国全国性的碳排放交易体系正式上线，涵盖了2 225 个发电厂，覆盖大约 45 亿吨碳排放。图 1 展示了碳交易量和碳市场价格在过去几个月的变化。考察中国碳排放交易市场的运行，讨论：（1）未来如何有效提升中国碳排放交易市场的活跃度；（2）在中国碳排放交易市场上，如何平衡碳减排成本最小化和社会福利最大化之间的关系。

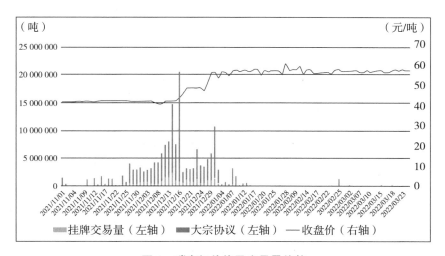

图 1　碳市场价格及交易量趋势

资料来源：上海能源环境交易所。

说明：2021 年 12 月 31 日是第一个履约周期的最后期限。

---

① Cui, J., Wang, C., Zhang, J., et al. The Effectiveness of China's Regional Carbon Market Pilots in Reducing Firm Emissions. *Proceedings of the National Academy of Sciences*, 2021, 118(52).

5. 在欧洲的碳排放交易市场上，碳排放配额的发放目前主要采取拍卖的形式进行，思考免费发放和拍卖两种方式在影响碳交易市场运行上，主要的区别是什么？各自的优缺点是什么？你认为在中国市场上，也应当逐步过渡到用拍卖的形式发放配额吗？如果是的话，怎样过渡最为合适呢？

6. 在某区域内存在两个企业：企业 A 和企业 B。每个企业每年的碳排放量均为 80 吨。该区域通过立法，要把碳排放的总量限定在每年 80 吨。为了实现这一政策目标，政府分别给企业 A 和企业 B 分配 40 个配额，配额可以在市场上自由买卖。该政策实施后，企业每产生一吨碳排放，必须核销掉一个配额。如果配额不足，企业将被罚款。每缺少一个配额，政府会按照配额市场价格的三倍进行罚款。我们知道企业 A 和企业 B 的碳减排的边际成本曲线分别是 $y_A = 20 + 2x_A$ 和 $y_B = 30 + 4x_B$，其中 x 代表碳减排量，y 代表碳减排的成本。请问企业 A 和企业 B 会选择怎样的减排量和排放量？如果政府把所有的配额都分配给企业 B，结果会如何改变？

第 4 章
环境税和环境补贴

本章学习要点

● 环境税

● 环境补贴

● 外部性

● 环境权益交易制度和环境税制度的等价性

● 环境权益交易制度和环境税制度的区别

● 价格控制和数量控制

● 污染治理成本不确定性如何影响环境权益交易制度和环境税制度的

选择

第 1 节　环境税和环境补贴的理论基础简析

　　前面一章的分析表明，如果我们从公共物品的视角来审视环境和资源问题，并将其归结为产权问题，经济学给出的一个药方是环境权益交易制度。现在，我们从另一个角度来审视环境污染问题。在没有政府规制的情况下，为什么会产生过度的环境污染呢？经济学所给出的另外一个经典的解释是：负外部性。

　　在图 4-1 中，我们描述了一个钢铁企业的生产决策问题。图中的边际收益曲线描绘了在不同的产量下，企业的生产为消费者或者社会带来的福利。边际成本曲线有两条：边际私人成本刻画的是企业为组织生产必须付出的成本，例如雇用工人和购买原材料的成本；边际环境成本描述的是企业在生产过程中因污染而造成的环境损失。它们的加总是图中最高的那条边际成本曲线，我们把它叫作边际社会成本曲线。

　　我们考虑在没有政府规制下，企业的生产决策。作为一家企业，它只考

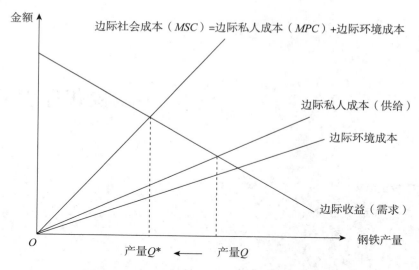

图 4-1　负外部性：钢铁企业的成本与收益分析

虑私人成本，所以它会把产量定在 Q，也就是，边际私人成本曲线和边际收益曲线相交的地方。但这只是对企业来说合意的产量，而不是对社会来说的最优产量。因为对于社会来说，除了考虑私人成本，也就是雇用工人和购买原材料的成本之外，还要考虑环境污染成本。所以从全社会角度来说，生产最好是在边际社会成本（＝边际私人成本＋边际环境成本）和边际收益相等的地方。此时产量应为 Q^*，小于 Q。也就是说，如果没有政府管制，企业不考虑环境污染成本，会过度生产，也因此造成过度的污染。这是个典型的负外部性问题：自身的活动给他人或者社会造成成本，但不需要负责。

　　如果我们将污染问题理解为负外部性的问题，经济学给出的最直接的答案是庇古税。庇古（Pigou）是英国 19 世纪二三十年代的经济学家，剑桥学派的代表人物之一。在 1920 年出版的《福利经济学》这本书中，他提出了庇古税的概念。庇古认为，导致市场配置资源失效的原因是经济当事人的私人成本与社会成本不一致，从而私人的最优导致了社会的非最优。因此，纠正外部性的方案是政府通过征税来矫正经济当事人的私人成本。只要政府采取措施使得私人成本和私人利益与相应的社会成本和社会利益相等，则资源配置就可以达到帕累托最优状态。这种纠正外部性的方法也被称为庇古税方案。

　　环境税的基础是负外部性；相应地，环境补贴的理论基础是正外部性。

举个例子来说，光伏发电的成本比常规燃煤电厂高①，它会产生两种收益：一是电力；二是因为替代化石能源而产生的环境收益。但是在市场上，消费者并不会为第二种收益买单，因为用太阳能发出的电和用燃煤发出的电，在消费者看来并没有什么不同。也就是说，光伏发电给社会带来了好处，但并没有在市场上获得报酬。这是典型的正外部性问题。在正外部性存在的情况下，产生正外部性的活动会存在供给不足的现象，为了纠正这种现象，与庇古税的思路相似，应当使用补贴的手段，即通过补贴，使得私人收益和社会收益相等。

延伸阅读

外部性理论和共享单车的商业模式

这部分延伸阅读试图向同学们展示一个使用经济学的基本理论分析商业活动的案例。经济学是一个（当然不是唯一的）帮助我们更好地观察和分析这个社会的工具。当我们把分析树立在理论磐石上的时候，会有不一样的观察。学术的价值之一，就是帮助我们在资本的浮躁和狂热中保持清醒。

2016 年，最大的视觉冲击不是来自艺术，而是来自商业。似乎是在一夜之间，以北京和上海为首的大中城市，被各种色系共享单车地毯式覆盖。共享单车的 App 之多，智能手机满屏都盛放不下。

共享经济借势成为时髦词汇，各路资金纷纷抢滩，生怕搭不上这趟新的创富列车。但是很少有人去想，从企业的角度，共享单车能否成为具有持续盈利能力的商业模式；从社会的角度，共享单车能否真正提高社会的整体福利。

这是任何严肃的经济学家都无法回避的问题。而这个问题的答案并不是显而易见的。

两个外部性问题

在回答这个问题之前，要梳理共享单车使用产生的两个外部性问题。

首先，是使用共享单车在"私"的领域产生的外部性。私有最大的优势，是每个所有者都会试图把其所拥有物品的使用价值发挥到极致。例如，对于我拥有的自行车，我一定会仔细保养，使它能用上个十年八年的。

但是对于共享单车，我下一次使用到同一辆共享单车的概率几乎为零，所以每个人都不会在意共享单车的保养。甚至连共享单车的维护人员，也会产生不开锁强行推车，把自行车举起扔到搬运车上的行为。

这种外部性会给共享单车的经营者和投资者造成巨大的损失。共享单车的故障

---

① 放在几年之前，这样写没有任何问题。但是今天，光伏发电的成本大大降低，在某些地区甚至低于燃煤发电的成本。请参见 Levelized Cost of Energy and Levelized Cost of Storage 2019. LAZARD，2019 - 11 - 07。但是，这并不妨碍我们使用这个例子。

率之高，有目共睹。有人在朋友圈中就调侃道，"十辆单车九辆坏，剩下一辆还敢出来卖"。所以，如果一辆单车达不到盈亏平衡的使用次数就需要报废的话，企业是不可能实现盈利的。

有人会说，以租赁形式存在的共享模式早已有之，并且很成功，例如汽车的租赁市场。下面我们来看看这个市场，每次去租车的时候，车店小哥都会让你确认车的伤损情况，每次还车，照例也是一遭仔细的检查。如果出现客户造成的伤损，必须以某种形式来补偿。

这种做法的实质是，避免我们所说的"私"的领域的外部性。但共享单车很难做到这一点。也就是说，它很难解决自行车因为不规范的使用和停放产生破损这一外部性的问题。

当然，共享单车的创始人并非没想到这个问题。OFO 最开始在大学校园推广，大学生的素质比较高，而且相对集中、容易管理。摩拜最初试图通过技术来解决维修和损耗的问题。但不幸的是，在大跃进式的发展过程中，OFO 和摩拜都阵脚大乱，拼资金、抢地盘，最终难逃做"公益"的宿命。

所以，共享单车成功的第一个必要条件是，能够通过某种机制设计（例如准确确定非正常损耗的责任），或者外部条件的改变（例如公民素质极大提高），解决这一在"私"的领域产生的外部性问题。如果不具备这个必要条件，共享单车想成为能够持续盈利的商业模式，可能性微乎其微。

其次，是使用共享单车在"公"的领域产生的外部性，主要是单车停放占用了公共空间。在上海，到 2017 年 8 月为止，共享单车的投放总量超过了 150 万辆。

因为共享单车不归使用者所有，使用者根本不担心共享单车在不规则停放的情况下可能造成的丢失和损耗，所以共享单车胡乱停放的现象非常严重。很多人图方便把自行车停放在车辆停放区的入口，造成自行车停放区虽然有位置，但无法进入的尴尬情况。

更为普遍的是，用简单粗暴的形式占据盲道、人行道和公共汽车通道，造成了行人的不方便和安全隐患。有些小区和办公区域，为了不让共享单车破坏公共空间，不得不贴出共享单车禁止入内的告示标志。

为解决这个问题，上海和北京先后出台规定，限制共享单车的整体数量。但值得注意的是，这种现象并不是控制总量能解决的。主要问题是如何能够约束使用者，使其停止不规则停放。这个问题，可不是用一纸公文就能解决的。

解决不规则停放问题，只能靠两个办法，一个是通过机制设计，例如，不停到规定的停放点要罚款或影响信用，这个在技术上比解决损耗的外部性容易，但在目前疯狂竞争的情况下，恐怕没有企业愿意先出手这样做。另外一个办法还是要靠公民素质的大幅提高。

外部性如何内生化

无论是"公"的外部性，还是"私"的外部性，都会造成社会福利的损失。这就使得从社会角度来看，发展共享单车能否提高社会整体福利水平，变得不太确定。这两个外部性越严重，共享单车的经营模式就越难通过成本收益分析的严格考验。

当社会成本超过社会收益，尤其是在有些群体只承担成本却享受不到收益的情况下，公民的不满就会日益严重，出现类似早前因跳广场舞引发争执的社会现象。

共享单车野蛮生长，强占公共空间，必然引起反弹，使得政府不得不出手，强制改变现有共享单车的发展模式。目前强化共享单车管理的呼声越来越高。

共享经济在很多领域折戟沉沙，例如共享雨伞和共享充电宝。共享单车的盛宴还将继续，也必将继续。今天的城市居民，生活恐怕已经离不开共享单车了。但是，如果目前的共享单车运营模式无法解决上述两个外部性的问题，尤其是在"私"的领域产生的外部性，该模式必将消亡。

那么未来的共享单车运营模式是什么？既然我们能从外部性的角度，从理论上认清共享单车面临的迷局，那寻找出路还是要从外部性理论出发：整体的思路是通过经济杠杆把外部性内生化。

解决在"公"的领域产生的外部性，需要政府强有力的干预。比如政府部门可以考虑在地铁站和小区附近划定共享单车的专门停放区域，然后要求共享单车的平台提供 GPS 数据，凡是停放在区域之外的单车，要通过单车运营方的支付平台支付相当数额的罚款，或者降低单车停放者的信用等级。

共享单车公司是否支付停放区域的使用费用，根据政府鼓励共享单车的程度，可以免费，也可以收取，专门用于城市基础设施的改善。

在"私"的领域，政府不需要做任何事情，尽可能让市场进行竞争，有人愿意掏空家底做"公益"，那是投资者个人的事情。有人可能会担心，拼到最后的巨头们整合了形成垄断怎么办？

其实这一点无须担心，因为共享单车的替代品非常多，例如步行和自己购买自行车。所以一旦公司试图收取垄断利润，它们最珍视的"流量"会立马跑光光。这个跟天然气市场的自然垄断不一样，在天然气市场上很难找到相应的替代品。

最后，共享单车经营者如果想要有盈利，就必须有效地控制外部性的问题。企业可以在大数据的基础上，推算出每个人使用单车之后，单车发生故障的概率。如果这个概率超过一定的水平，可以认为这是一个野蛮的使用者，则企业完全可以拒绝提供服务，或对其收取更高的价格。

同时，严格培训维修人员，每人负责一定的地理区域，专门在停车区域附近修车，共享单车的运营方可在维修工人所属区域内，根据共享单车使用者扫描二维码所报告的故障率来支付报酬。

这些想法是基于理论所得出的非常自然的结论，只能算是抛砖引玉。未来共享单车采用何种运营模式，则仁者见仁，智者见智。

有一点是肯定的，现有的模式无法持续，未来的运营模式应当建立在有效控制上述两个外部性的基础之上，需要在理论指导下，通过学界、政府和企业有效的合作创新来实现。

资料来源：尹海涛．不改变模式，共享单车必将消亡．南风窗，2017-10-09．

第 2 节　环境税和环境补贴的适用性及其额度的确定

怎样在一个具体情况下判断是否应该使用环境补贴，并确定其额度呢？理论的回答非常明了：只有在存在负（正）外部性的情况，才能使用税收（补贴）。至于额度，就是要估算负外部性或者正外部性的大小。如图 4-1 所示，在存在边际环境成本的情况下，应当征税，税的额度正好应该等于边际环境成本，这样企业的成本就成了边际私人成本＋税收＝边际私人成本＋边际环境成本＝边际社会成本。企业的行为就会达到社会最优的均衡。

理论很简单，但在具体情况下的应用并不总是很清晰，或者说，当我们考虑具体情况的时候，总是忘掉理论的存在。我们来看看中国光伏产业发展的案例。

图 4-2 展示了世界各国和地区在太阳能电池领域的市场份额。可以看到，在 2000 年以前，中国几乎没有光伏产业，但是在很短的时间里，光伏产业发展非常迅速，在 2013 年其市场份额占了全世界市场份额的接近 60%。其他国家，例如美国、日本、德国等，其市场份额都在下降。这是中国速度淋漓尽致的展示。中国光伏产业这样爆发式的增长，至少部分得益于各级地方政府以各种形式给予的补贴——低利率的贷款、直接的补贴款、便宜的土地，甚至已经造好的工厂。在中国对光伏产业的补贴达到这样程度的情况下，欧盟委员会分别于 2012 年 9 月和 11 月启动对欧盟从中国进口的太阳能电池板的反倾销和反补贴调查，涉及中国企业对欧盟出口金额高达 210 亿欧元，被业内人士称为欧盟历史上涉案金额最大的"双反"案件。有关的双反措施到 2018 年才终止。

2013 年，曾经的行业龙头无锡尚德宣告破产。业界开始反思，我们政府使用大额补贴的策略是正确的吗？一般来说，有两个流行的观点：一是我们应当补贴，尤其是在行业发展之初，这是发展中国家在后发发展的态势下，扶持新生行业所必需的。另外一个相反的观点是，补贴虽然增强了企业在成本上的竞争力，但是并没有培养出企业在市场上以技术优势和管理效率为基础的真实的竞争力。在补贴取消的情况下，企业自然陷入了困局。

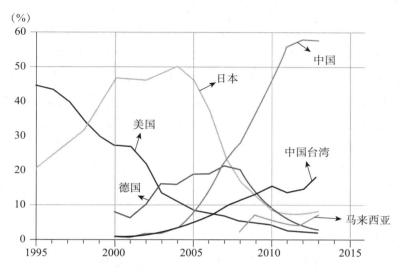

图 4 - 2　世界各国和地区在太阳能电池领域的市场份额

现在我们回归到理论，政府补贴的理论基础是存在正外部性。如果光伏行业的发展具有正外部性，那么应用经济学理论得到的自然结论是：补贴是必要的。所以，我们需要强调的是，以张扬正外部性为目的而设立的政府补贴，在制度设计上，必须以是否鼓励了正外部性为导向；在效率评估上，必须以是否鼓励了正外部性为标准。

那么让我们看看光伏行业正外部性的主要体现。首先是对环境的正外部性。太阳能的环境友好性是使其区别于化石能源的主要特征。前面提到，环境收益不能明确地划归个人所有，个体消费者不会愿意为使用太阳能电力而多支付费用。这样，太阳能电力的使用就无法达到社会最优水平。在这种情况下，政府补贴成为必要。但要注意，补贴鼓励的是环境收益。其次是对技术发展的正外部性。如前所述，光伏技术使用的部分收益归全社会所有，所以，新技术开发并不能得到与其创造的社会收益相称的货币回报，这会导致技术创新供给不足。而且，不合理的投资回报预期会弱化企业在光伏产品研发上投入的动机。新能源发展与国家战略密切相关。企业组织的科研突破，从全社会角度看，要尽快地推广。因此，如果政府想要缩短企业的专利期限，缩小企业的专利范围，必须在科研上对企业进行补贴。但要注意，补贴鼓励的是科学研发。

那么，我们国家光伏行业的发展是否充分释放了这两种正外部性了呢？首先，光伏产品的环境收益来自其使用阶段，只有在使用的过程中，我们用光能取代了化石能源，我们才会收获使用的环境收益。但是我国并不是光伏产品的使用者，2011 年，我国 90% 的光伏产品出口到了世界。欧洲才是全球最大的使用者，2011 年全球光伏系统 70% 的新安装量在欧洲，到 2013 年欧洲仍然占据了 55% 的光伏系统安装量。① 所以，我们只是光伏产品的制造大国，而不是使用大国。光伏产品的制造过程是高污染和高耗能的，其中硅片切割的过程要耗费大量的能量，电池的制造也涉及大量化学物质的使用。认识到这些，我们非常清楚地看到，我们的补贴鼓励的不是正的环境外部性，而是负的环境外部性。因此，从理论的角度来讲，我们其实应该向光伏企业征环境税，而不是给其补贴。其次，光伏产业最大的两项技术壁垒在于原料和设备。我国光伏产业发展了这么多年，作为主要原料的多晶硅仍然依靠进口；光伏产业设备仍然主要来自国外供应商。我们所谓的光伏产业主要是光伏电池的制造和光伏组件的生产。认识到这些，我们非常清楚地看到，我们补贴鼓励的不是科学研发，而是传统的制造业。所以，我们给光伏行业的补贴，实在是个很糟糕的政策。

在新能源的发展上，我们并不是不需要政府补贴，而是要强调，应本着理论的指引来设计和评估补贴。首先，补贴要关注环境收益。例如，我国对新能源汽车的补贴从消费者角度着眼，并且用节油效果作为确定补贴额度的标准，是从鼓励正外部性着手的，是好的做法。但还可以做得更好。新能源汽车的种类有很多。根据《私人购买新能源汽车试点财政补助资金管理暂行办法》，补贴的车型主要是混合动力汽车和纯电动汽车，其中纯电动汽车享受的补贴最高。但推广纯电动汽车能否有助于达到节能环保的目标，却是值得商榷的话题。清华大学的一项研究表明②，如果我们完全是用燃煤发电，电动汽车二氧化碳的排放会比常规汽油车增加 7.3%。这主要是因为目前我国的电力生产仍然主要依靠燃煤。所以，如果我们电力生产的能源结构不发生显著改变的话，推广电动汽车对控制全球变暖趋势的贡献是微乎其微的。不仅如此，该研究还表明，在目前情况下，使用电动汽车会使二氧化硫的排放增加 3～10 倍，使碳化物的排放翻倍。由此可以看出，推广电动汽车并不能实现我们所讨论的正外部性。所以，我们在补贴的时候大可不必指定车型、指定技术路线，而是指定实现特定的节能或者环保收益所能获得的财政支持。传统汽油车如果能够做到显著节油，也应该享受补贴，因为它彰显了我们要鼓励的正外部性。

---

① 许洪华. 太阳能光伏发展形势报告. 中国证监会创业板专家咨询委，中国科学院电工研究所，2012.；Market Report 2013. European Photovoltaic Industry Association. http://päikeseelekter.com/pdf/Market_Report_2013.pdf.

② Huo, H., Zhang, Q., Wang, M. Q., et al. Environmental Implication of Electric Vehicles in China. *Environmental Science & Technology*, 2010 (44): 4856-4861.

其次，补贴要关注科学研发，关注真正的技术创新。正外部性越大的科学研究，越需要政府财政的大力支持。例如，很多基础研究的发展会带来应用领域技术的突飞猛进。但是，从事基础研究的学者和科研机构并不会因为技术的广泛应用而直接获得货币收益。这些基础研究需要政府财政的大力支持。还有些企业的技术革新会带来能耗的显著降低，政府出于提高全社会能源效率的目的，当然希望把这些技术推而广之。这样，那些最初做出革新的企业就产生了正外部性，需要财政上的鼓励和支持。各国都非常重视能源科技方面的投入。美国政府在其《清洁能源与安全法案》中提出，到 2025 年要投资 1 900 亿美元，大力资助能源技术的发展。2000 年我国能源技术研发投入占当年全国研发投入的 6.43%，为 57.59 亿元，占全国 GDP 的比重为 0.064%。其中，政府能源技术研发资金的比重为 10.65%，占 GDP 的比重为 0.006 8%。这一比重远远低于多数发达国家 2000 年能源技术研发投入占 GDP 的比重。在绝对数量上，则几乎排在所有发达国家之后，如仅仅为日本的 1.8%。[1] 最近这些年，这种情况得到了根本的改变。2014 年，中国取代日本，成为能源技术研发投入占 GDP 比重最大的国家。[2] 这是非常可喜的现象，同时我们也要指出，增大科研投入的同时也要注重评估，投入的重点是那些真正能产生正外部性、真正能代表新能源发展方向的技术，要提防"挂羊头卖狗肉"的现象。评估的重点不仅在投入的环节，还要对效果开展评估。这倒不是要急功近利，而是不能让不符合正外部性方向的科研项目长期占用政府有限的财政投入。

从这个案例中我们得到的最大教训就是，在分析环境税和环境补贴的时候，要回归到最基础的理论。我们来看下一个问题：如何确定环境税和环境补贴的具体额度？

还是应该回归到理论。对于这个问题的回答，如果放在图 4-1 中的话，就是要把边际环境成本曲线估算出来。那么如何估算呢？Parry 和 Small（2005）的文章是一个很好的范例。在这篇文章中，他问了一个问题：美国的汽油税大约是 0.40 美元/加仑；英国的汽油税大约是 2.80 美元/加仑。相差如此之大，这两个国家的税收都是在正确的水平上吗？他们在论文中考察并计算了从汽车行驶中产生的四种外部性：危害涉及全球的污染物排放，主要是碳排放；危害限定在地方的污染物排放，包括氮化物、PM 等等；因为拥堵产生的外部性；因为交通事故产生的外部性。这四种外部性的货币度量，构成了汽油税的主体。有兴趣的读者可仔细阅读这篇文章，获取其中的技术细节。[3]

① 高昌林，吕永波，等. 中国国家综合能源战略和政策研究项目之十：能源研发政策研究. 环境 100 文库，2018-01-04.

② IEA《2017 年世界能源投资》发布，中国成为能源研发支出占 GDP 比重最高的国家. 国家太阳能光热产业技术创新战略联盟网站，2017-07-19.

③ Parry, I. W. H., Small, K. Does Britain or the United States Have the Right Gasoline Tax? *The American Economic Review*，2005，95（4）：1276-1289.

第3节　环境权益交易制度与环境税制度的内在联系

在环境权益交易制度一章中，我们知道，政策制定者制定一个总的减排目标，分配配额，然后允许企业自由交易配额，最终交易会停在企业 A 与企业 B 的边际减排成本相等的地方。市场会给出配额的价格，就是图 4 - 3 中的 P。

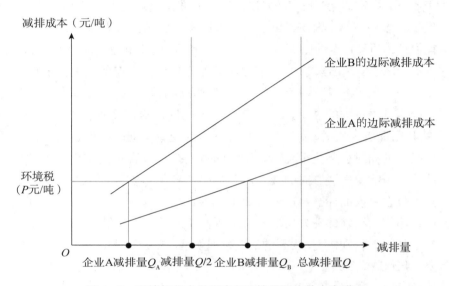

图 4 - 3　环境权益交易制度和环境税制度的内在联系

下面我们从税的角度来看。如果政府设定的在每单位排放上要征收的税也在 P 这个位置，那么企业会选择什么样的减排量呢？企业在制定减排决策的时候，会比较 P 与自己边际减排成本的大小。如果边际减排成本高于 P，企业宁可支付税 P 也不会继续减排；相反，如果减排成本低于 P，则企业会选择减排而不是交税。因此，企业会减排，直到边际减排成本与税相等的位置。这时很有意思的结果出现了，企业的减排量和环境权益交易制度下企业在配额交易之后选择的减排量是完全一致的。

这个分析说明，无论采用环境税制度还是环境权益交易制度，其在理论上的政策效果都是一样的，或者是等价的。不同的是，采用税收方式是从价格开始，然后企业确定各自的减排量，企业各自减排量的总和就是社会整体上能实现的减排量。这个减排量正好等于环境权益交易制度下，政策制定者先验确定的社会合意的减排总量。环境权益交易制度则是从确定社会总的减排量开始的，然后企业通过市场交易配额，配额交易会形成配额的价格，最后以价格结束。这个价格正好等于最优的环境税的水平。所以，在控制某种污染物的排放时，环境权益交易制度和环境税制度两者之间是替代关系，而不是互补关系。也就是说，两种政策工具的配合使用，大致是个伪命题。当然，在实际政策实践中，也有两种政策工具同时存在的情形。例如在英国，因为有欧盟碳排放交易体系，所以配额交易市场是存在的，但与此同时，英国也有自己的碳税制度。当碳税高于配额价格时，企业除了购买配额，还要支付配额和碳税之间的差额作为税收。也就是说，碳税实质上为配额设定了一个最低价格。[1]

第 4 节　环境权益交易制度和环境税制度的区别

既然环境税制度和环境权益交易制度在理论上所取得的效果是相等的，那么为什么在实际的政策制定中，经济学家还总是对选择环境税制度还是环境权益交易制度进行激烈辩论呢？现在，从各国情况来看，大多数国家都不约而同地使用环境权益交易制度，而不是环境税制度。这又是为什么呢？Portney 和 Stavins（1990）[2] 列举了环境税制度和环境权益交易制度的八条不同之处。

（1）环境权益交易制度确定污染控制水平，环境税制度确定污染控制成本。

（2）在技术进步的情况下，如果没有政府额外干预的话，环境权益交易制度冻结了污染控制水平，而环境税制度却提高了污染控制水平。这从图 4-3 中很容易可以看到。技术进步意味着减排成本降低，边际减排成本曲线的斜率变小，在相同的税收水平下，我们看到，企业自主选择的减排量会更大。

（3）在环境权益交易制度下，资源在私人部门内转移，而在环境税制度下，资源从私人部门转移到公共部门。在环境权益交易制度下，配额最初通常是免费发放的，配额交易的支付发生在企业之间，与政府没有关系。但税收不同，税收直接成为政府的财政收入。在中国，前几年使用环境税的呼吁更强烈，因为环境政策总有个落实问题，如果用环境税制度，政府有激励增加税收收入，这有利于政策更好地落实。不过，现在两者在这个维度的区别逐渐变小了，因为在很多体系中，配额不再是无偿分配的，而是通过拍卖的方式发放，这样一来，在环境权益交易制度下，资源也发生了向公共部门的转移。

[1]　Carbon Price Floor(CPF) and the Price Support Mechanism. UK Parliament Website，2018-01-08.

[2]　Portney，P.，Stavins，R. *Public Policies for Environmental Protection*. Washington D. C.：Resources for the Future，1990.

（4）与环境税制度相比，环境权益交易制度的交易成本可能会更大。环境权益交易市场并不是自然状态下产生的，而是政策培育出来的。环境权益交易制度下，必须要发展一个新的交易平台，必须要分配配额，企业拿到配额之后，要在评估自身减排成本的基础上参与市场交易。这需要一个学习的过程。碳核算和碳交易都需要一定的专业知识，这个学习的过程也会产生很多成本。环境税制度就简单多了，因为我们已经有税收征管部门了，现在的变化只是要多征收一种税。

（5）环境权益交易制度和环境税制度都增加了行业和消费者的成本，但环境税收制度往往使这些成本变得更加明显。税收是很明显的成本，而环境权益交易制度则会带来一些错觉，在上一章我们看到，有些企业可能会通过出售配额的方式获利，有些企业会以购买配额的方式节省自己的减排成本。但是这些"获利"和"节省"都是与没有市场交易制度的情形相比而言的，与没有政府要求减排的情形相比，成本都是上升了。

（6）在环境权益交易制度下，配额的价格因为是市场交易形成的，所以会根据通货膨胀而自动调整；但是税收不会，税率一旦确定，往往会在一定的时期之内保持不变。所以，在存在通货膨胀的情形下，真实的税收水平实质上是下降了。

（7）环境权益交易制度可能比环境税制度更容易受到策略行为的影响。在环境权益交易制度下，环境权益实质上是一种有价证券，所以，创新型的金融工具和相关的策略，在理论上都能应用到环境权益上来。

（8）在存在不确定性的情况下，环境税制度和环境权益交易制度到底孰优孰劣，是不确定的。

对第（8）条，我们需要多花些笔墨。这个区别的讨论是基于马丁·韦茨曼（Martin Weitzman）在1974年发表的文章，有兴趣的读者可在书末的拓展阅读中找到它。[①]

[①]　值得指出的是，韦茨曼教授写这篇文章的时候不是针对环境问题，他针对的是更根本的经济学问题。在20世纪70年代，有两种方式来组织经济活动：计划经济和市场经济。计划经济近似于数量控制，市场经济近似于价格控制。韦茨曼教授想找出最好的组织经济活动的方式。阅读完下面的讨论，你会明白，这两种政策之间的选择，取决于我们关心的产品或者服务的边际收益曲线和边际成本曲线哪个更为陡峭。如果边际收益曲线更陡，应当使用数量控制；反之，应当使用价格控制。

从这个观点出发，石油市场应该采用数量控制，因为一旦其数量超过某个临界值，边际收益的变化非常剧烈。如果石油短缺，整个经济都会崩溃。在20世纪70年代，美国就经历了由石油价格上涨而导致的严重经济困境。中国的石油企业是国有的，容易进行数量控制。而在西方国家，尽管能源企业都是私人所有，但是国家一般都有石油储备，这些能源储备可以帮助度过三五个月的能源短缺。

从这个观点出发，对于戴尔生产的电脑，应当使用价格控制。因为即使戴尔公司明天倒闭，戴尔电脑完全消失，那也没有什么关系，我们还可以从苹果公司等其他企业购买电脑。也就是说，即使生产这些产品的公司倒闭了，边际收益曲线也几乎没有变。因此，应使用价格控制。大多数产品和服务都和戴尔电脑更为类似，这也就是为什么在大多数产品和服务的配置中，我们更倾向于使用价格控制，而非数量控制。

　　我们的讨论从图 4-4 开始。政策制定者考虑设定税收水平或者减排数量的时候，要比较污染物减排的边际成本和边际收益。在我们的分析中，我们侧重于边际成本曲线。要确定社会整体的污染物减排的边际成本比较困难。我们需要知道成千上万家企业的污染物减排成本，并在此基础上进行整合。首先，企业自身并不一定知道自己的边际减排成本，在大多数情况下，只有个大概的估计。其次，就算企业知道自身的边际减排成本，它们也不一定会告诉政府。实际上，它们有激励隐藏真实的信息，高报自己的减排成本。因为在环境权益交易市场，企业有动机把自己的减排成本往高了说，以期得到更多配额；在环境税制度下，企业也有动机高报自己的减排成本，以期政府确定较低的税率。

　　在不能确切知道减排成本的情况下，政府只能采用一个估计值。在图 4-4 中，我们用 MC_M 来表征政府的这个估计值。根据这个估计，政府会把价格（税收）定在 P_M，或者把减排量定在 PC_M。但是因为这是个估计值，它可能是错的，真实值可能更高，例如在 MC_H 的水平，或者更低，在 MC_L 的水平。

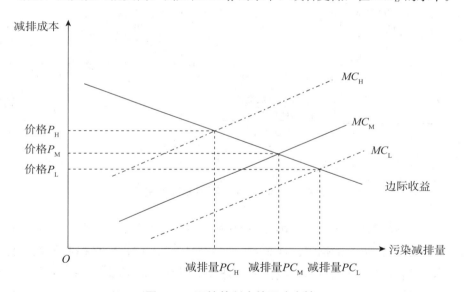

图 4-4　环境管制中的不确定性

　　我们首先看政府采用环境权益交易制度的情形，如图 4-5（a）所示。政府会根据它的估计，确定减排量在 PC^* 的位置。如果真实值是 MC_H，政府要求的减排量比社会最优的水平要多，也就是说，存在过度规制的情况。这从环境方面看当然是好的，但是从社会福利角度看，因为边际成本高于边际收益，社会付出了高于合意水平的成本。图中黑色的三角形区域表征了在这种情况下的福利损失。如果真实值是 MC_L，政府要求的减排量比实际需要的少，也就是说，存在规制不足的状况。这时的社会福利水平也低于社会最优的水平。因为仍然存在边际收益高于边际成本的部分，也就是图中灰色的三角形区域，这个区域的福利，因为政府在边际成本方面的高估，被白白地放弃了。

我们再来看价格控制，也就是税收的情形，如图4-5（b）所示。政府根据其预估的边际成本，把税收水平确定在 P^* 这个位置。如果真实值是 MC_H，政府要求的税收低于社会最优的水平，因此我们说存在规制不足的情况。在这种情况下，减排量比社会最优的水平要小，图中的黑色三角形表征了在这种情况下的社会福利损失。在这个区域，减排的边际收益大于边际成本，但政府并没有要求减排。如果真实值是 MC_L，政府要求的税收高于社会最优的水平，因此我们说存在过度规制的现象。在这种情况下，减排量比社会最优的水平要大。图中灰色三角形表征了在这种情况下的社会福利损失。在这个区域，减排的边际成本大于边际收益，本来不应该要求减排了，但政府基于错误的估算，仍然强迫企业去完成这些得不偿失的减排。

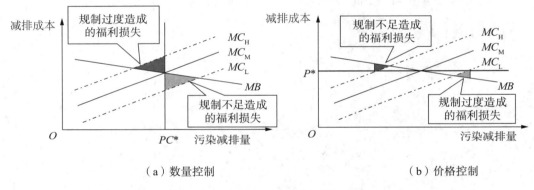

（a）数量控制　　　　　　　　　　（b）价格控制

图4-5　政府采用环境权益交易制度

可以看到，在存在不确定性的情况下，无论采用价格控制还是数量控制，总会有社会福利的损失。那么，我们到底应该怎样在价格控制和数量控制之间做出选择呢？很显然，我们应当选择造成社会福利损失比较小的那一个。

从图4-6中我们看到，当边际收益曲线 MB 的斜率的绝对值不断减小，也就是 MB 曲线变得更平坦时，价格控制政策可能造成的损失，也就是黑色的三角形区域，会变得越来越小；而数量控制可能造成的损失，也即灰色的三角形区域，会变得越来越大。这时我们应当采用价格控制（环境税制度），而不是数量控制（环境权益交易制度）。在韦茨曼的论文中，他通过严格的数学证明得出了如下结论，当 MB 斜率的绝对值小于 MC 的斜率时，应当使用价格控制；而当 MB 斜率的绝对值大于 MC 的斜率时，则应当使用数量控制。这是在数量控制和价格控制之间做出选择的一般原则。

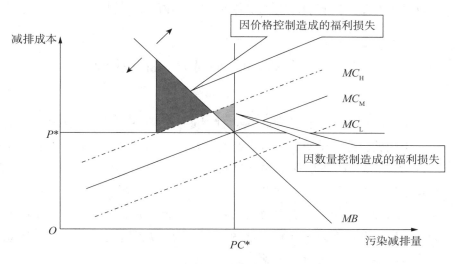

图 4-6　两种规制政策的福利损失比较

那么，要解决全球变暖问题，也就是控制碳排放，我们应该用价格控制，也即环境税制度；还是数量控制，也就是环境权益交易制度呢？那就要看碳减排的边际收益曲线的斜率和边际成本曲线的斜率谁大谁小。

2015 年达成的《巴黎协定》中，各国政府承诺将全球平均气温控制在比前工业化水平升温 2℃ 以内，并努力达到升温 1.5℃ 以内的目标。防止全球升温超过 1.5℃ 要求我们在 2030 年前将全球碳排放量减少为 2010 年的一半（也就是大约 170 亿吨），并在 2050 年前实现净零排放。科学家指出，升温幅度超过 1.5℃ 意味着人类、野生动植物和生态系统都可能遭受气候变化带来的严重后果。在这个上限值附近，我们能够想象，边际收益的变动会很剧烈，因为这是地球仍然安好还是陷入灾难的临界点。在这个上限值的附近，碳排放量的轻微变化会引起边际收益的强烈变动。这意味着，在这个范围内，边际收益曲线非常陡峭，边际收益曲线的斜率绝对值大于边际成本曲线的斜率，所以要用数量控制。这个问题的解决不能用价格控制，因为确定了一个税收水平之后，所有企业都会用自己的边际成本曲线来判断，如果这个税收水平估计错了，碳排放量可能会超过科学家所定的上限，那么灾难就会来临。

同样地，在很多环境问题上，我们更倾向于使用数量控制。比如河流，在一定的污染水平下，我们仍旧可以在河中游泳、钓鱼，但一旦超过某个上限，它就被污染了，该河流就不能被利用了。在这个上限值附过，边际收益曲线的斜率绝对值非常大。再例如一个物种，如果种群保持在一定数量之上，它们就能自我繁衍，如果锐减到这个数量以下，则会陷入灭绝的危险。在这些情况下，我们应当使用数量控制，而不应该去用价格控制。这也就是为什么在今天公共政策的制定中，我们看到，处理环境问题，越来越流行的政策工具是带有总量控制的污染权或者资源开采权的交易制度，而不是税收制度。

第5节　中国环境税的发展

中国的环境税最初叫排污费，并且这一名字一直延续到 2017 年。1979 年，中国就已经开始实施排污收费这一环保激励方式了，当时的指导文件是《中华人民共和国环境保护法（试行）》。到 1981 年底，27 个省、自治区、直辖市均开展了排污收费试点。之后，就进入了排污费全面实施阶段。2003 年，排污费又进行了一次相当大的改革，从超标收费、污染单因子收费转变为排污即收费、多因子收费。从图 4 - 7 中可以很明显看出，排污费总额在 2003 年之后，有了很大的提高。

2010 年是排污费制度的又一个变化节点。从 2010 年开始，各省份制定不同的收费标准。例如，福建省污水收费标准为每污染当量应缴纳 1.4 元，河北省污水收费标准为每污染当量 2.8 元。各省份之间排污费收费标准的不同也反映了各省的环境规制强度的不同，这样的异质性为许多环境规制强度与经济活动关系的研究提供了可能。

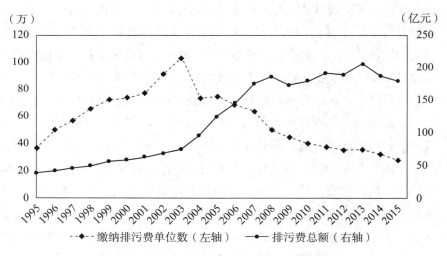

图 4 - 7　缴纳排污费单位数和排污费总额

资料来源：2016 中国环境统计年鉴. 北京：中国统计出版社，2016.

排污费是一种行政收费，因此在计算和实施过程中都存在严重问题。由于收费标准复杂，企业很难清楚了解自身应该缴纳的排污费，甚至部分企业通过当地行政领导干预，使得环保部门工作阻碍重重。为了革除排污费的这些弊端，无论是学术界还是业界，均提出要将排污费改为环保税。2017 年，活跃了 38 年的"排污费"正式落下帷幕，退出中国历史的舞台，取而代之的是从 2018 年 1 月 1 日起施行的《中华人民共和国环境保护税法》及《中华人民共和国环境保护税法实施条例》所规定的"环保税"。"费"改"税"意味着排污收费成为一种法律，可以对排污进行更加规范和严谨的监管，更有利于节能减排目标的实现。

国家税务总局 2019 年公布的数据显示，截至 2019 年 4 月 18 日环保税首个纳税申报期结束，全国共有 24.46 万户纳税人顺利完成环保税纳税申报，共计申报应纳税额 66.6 亿元，扣除申报减免税额 22 亿元后，实际应征税额为 44.6 亿元。那么，环保税最终的效果如何，能否有效实现我国节能减排的目标，相信时间会告诉我们答案。

◀ 本章思考题 ▶

1. 认真地总结本章的内容，绘制本章内容思维导图。

2. 在本章我们探讨了 2010 年左右，光伏行业享受政府补贴的合理性如何。2021 年，光伏行业又迎来了新一轮大发展。隆基股份、天合光能等一大批光伏企业发展势头迅猛。这一轮光伏制造企业的发展和 2010 年左右的发展有何不同？政府应该使用补贴支持这些企业的发展吗？如果要充分鼓励太阳能替代传统能源带来的社会收益，应该怎样使用补贴？

3. 上海采用汽车牌照拍卖的方式控制汽车数量，要获得一个汽车牌照，在拍卖成功的情况下，也要额外支付 90 000 元人民币，这相当于在汽车购买的时候征税。这项政策的目的是减少因城市交通产生的两种外部性：交通拥堵和城市空气污染。讨论这样的方式能否达到减少外部性的政策目标。在互联网上了解英国伦敦实行的"拥堵税"政策，两者的主要区别是什么？你认为哪种政策更能有效地控制因为城市交通而产生的外部性？

4. 在马丁·韦茨曼关于价格控制和数量控制的探讨中，他所说的不确定性指的是什么？在存在不确定性的情况下，在价格控制和数量控制两者之间做出选择的主要依据是什么？如果是在控制污染的边际收益上存在不确定性，分析会发生什么样的改变？

环境信息管理

第 1 节　环境信息管理作为一种环保政策的理论基础

在我们讨论环境权益交易制度和环境税/补贴的时候，我们强调理解这些政策的理论基础的重要性。我们有环境权益交易的想法，是因为我们把环保问题理解为一个公共物品或者产权的问题；我们有环境税/补贴的政策设计，也是因为我们从负外部性或者正外部性的角度来解释污染问题。这一章我们试图从另外一个角度来审视环境问题：信息不对称的角度。

环境的过度污染和自然资源的过度使用显然是不好的。但是，虔诚地保持自然资源和环境的原始状态，显然也不是社会福利最优的做法。这里面有一个平衡的问题。如果一个企业要在一个社区中开设工厂，当地居民或许可以坐下来和企业主谈一谈，双方约定：工厂排出的废水和废气必须达到什么样的标准；企业要解决多少就业；企业要向社区提供什么样的福利；等等。这种社区治理的模式，正是奥斯特罗姆（Ostrom）教授夫妇提出的解决公用地悲剧，或者开放资源使用问题的思路。但是这种模式的实施有一个前提条件，那就是工厂所有与污染相关的信息都是公开透明的，社区居民知道工厂的一切信息。如果企业和社区居民之间存在严重的信息不对称，他们之间的谈判不可能产生最优的结果。

从这个逻辑出发，我们看到，环境问题的产生，也可以从信息不对称的视角来解释。这个例子是关于企业生产过程的。我们再来举一个关于产品的例子。我们假设如果消费者们越来越环保，越来越倾向于购买节能的产品，那么企业就有动机研发并且生产这些节能的产品，因为节能产品销路更好、价格更高。但是这个逻辑的前提条件是，消费者能够区分不同产品的环保性能。如果我去商场买电脑，根本无法区分各个品牌和型号的电脑在能耗指标方面的差别，那么一个典型的"劣币驱逐良币"的二手车市场就出现了：当消费者无法区别电脑的能耗的时候，他们自然会忽视产品的这个维度，而只看重产品的质量和价格；这样的话，企业就没有动机进行提高能效的研究，市场上高能效的产品会逐渐消失。这个现象出现的原因是，企业和消费者在产品能耗方面的信息存在严重的不对称。

如果我们把环保问题归结为信息不对称问题，那么一个很自然的解决问题的思路是：信息公开，使得利害相关方能够方便获得他们所需要的信息。环境信息公开被称为是环境政策领域革新的第三次浪潮（Kim and Lyon，2011）。[1] 它的创新性在于：环保规制不再只是政府和企业两个主体之间的事情。通过环境信息公开，所有的利害相关方都能够在环保方面与企业形成有效的互动，帮助政府实施环境法规，督促企业改善其环境管理绩效。这些利害相关方包括投资者、消费者、供应链的上下游企业、社区、雇员和非营利组织等等。我们在这一章中梳理环境信息公开制度的设计及其实施机制。

第 2 节 环境信息公开政策分类

根据不同的视角，环境信息公开政策可以分为不同的类型。从所要求公开的信息类型上看，可分为关于生产过程的信息公开和关于产品的信息公开。前者是要向社会公开企业在生产过程中产生和排放的污染物。最典型的例子是美国的有毒化学物质排放清单（Toxic Release Inventory，TRI）制度。后者是要用最为明晰直接的方式，向消费者告知产品在使用生命周期中所产生的环境影响，例如，我们常见的生态标签。

---

① Kim, E., Lyon, T. P. Strategic Environmental Disclosure: Evidence from the DOE's Voluntary Greenhouse Gas Registry. *Journal of Environmental Economics and Management*，2011，61（3）：311-326.

从信息公开的约束性来看，可以分为强制性环境信息公开和自愿性环境信息公开。在前者的情况下，企业没有选择的自由，必须按照政府的要求，在规定的地点、按照规定的方式，向社会公开企业或者产品的有关环境信息。但于后者而言，没有强制性的要求，政府通常只是提供一个关于信息公开的指导原则，或者提供一个信息公开的平台，愿意公开环境信息的企业可有选择性地公开有关的信息。

第 3 节　关于生产过程的信息公开

在这一节，我们以美国有毒化学物质排放清单制度为例，来研讨关于生产过程的信息公开制度的设计和作用机制。有毒化学物质排放清单制度是在重大化学品泄漏事故频发的背景下产生的。在 1984 年印度博帕尔毒气泄漏事件（导致 2 000 多人死亡）以及之后的西弗吉尼亚联合碳化物公司事件的影响下，美国国会于 1986 年通过了《应急计划与社区知情法》（Emergency Planning and Community Right-to-Know Act，EPCRA）。该法案强调公众对社区化学物质排放信息的知情权，主张要通过信息公开让公众知晓社区的环境风险。

EPCRA 第 13 节导入了有毒化学物质排放清单。自 1986 年导入有毒化学物质排放清单以来，以 EPCAR 为基础，国会以及美国国家环境保护局在对有毒化学物质排放清单的扩展过程中，逐步形成了一个较为完整的规则体系，即有毒化学物质排放清单制度体系。排放超过一定数量的清单中有毒物质的企业必须向美国国家环境保护局提交年度报告，报告企业使用、储存、运输、处理有毒化学物质的数据，美国国家环境保护局在对这些数据进行收集、整理、升级之后建立电子数据库向公众公开。有毒化学物质排放清单项目目前的信息公开网址是 https://www.epa.gov/toxics-release-inventory-tri-program。图 5-1 展示的是我们登录这个网址，并搜索宾夕法尼亚州费城（Philadelphia）的反馈结果。

我们看到，这个网站提供了非常详细的信息。我们不仅知道费城整体的有毒化学物质排放的情况，还知道每个企业的排放情况。我们知道每个企业排放了哪些化学物质、排放了多少，以及通过哪种方式排放的（排放到空气中、水体中、土壤中还是转移到厂外处理）等等。2003 年美国国家环境保护局发表了一个报告[1]，详细描述了政府、企业、学术界、非营利组织、雇员和社会公众怎样利用有毒化学物质排放清单项目公布的信息，推动企业改善化学物质管理，减轻化学物质排放给社区带来的风险。对深入了解有毒化学物质排放清单制度如何通过这些渠道发生作用感兴趣的读者，可以详细阅读这个报告。在本节中，我们重点勾勒有毒化学物质排放清单制度是如何通过股市产生作用机制的。

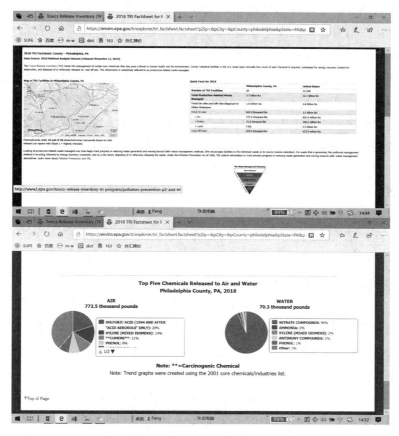

图 5-1　美国有毒化学物质排放清单数据库搜索结果示例

Konar 和 Cohen（1997）是在这方面研究比较早也比较有影响力的一篇论文。[2] 他们运用典型的事件研究（event study）的方法，得出了两个核心的结论：首先，有毒化学物质排放清单项目信息公开之后，有清单中有毒化

① EPA. How Are the Toxics Release Inventory Data Used? —Government Business Academic and Citizen Uses. Washington，D. C.：Toxics Release Inventory Program Division，Office of Environmental Information，Office of Information Analysis and Access，U. S. Environmental Protection Agency，2003.

② Konar，S.，Cohen，M. A. Information as Regulation：The Effect of Community Right to Know Laws on Toxic Emissions. *Journal of Environmental Economics and Management*，1997，32（1）：109-124.

学物质排放的企业的股票价格有了明显的下挫；其次，股票价格下挫明显的企业在有毒化学物质排放清单项目信息公开之后的三年内，与同行业的其他企业相比，显著降低了有毒化学物质的排放。自这篇文章之后，环境信息公开如何影响企业的股票价格，成为一个非常流行的研究题目。在这方面的文献数量可谓汗牛充栋。例如，Xu 等（2012）研究了环境违法信息的公开在中国如何影响企业在股市上的表现。[①] 他们的核心结论是：首先，与西方相比较，股票价格受环境信息公开影响的程度在中国要小得多；其次，相关股票的价格在信息正式公布之前就开始了下跌的趋势，这说明存在信息提前泄露的可能；最后，与水污染有关的环境信息公开所产生的影响，与有关空气污染和环境风险的信息公开相比，要大得多，这说明至少在他们研究的时间范围内，政府和公众在水污染方面的关注程度远胜于其他领域。

到此为止，我们看到环境信息公开这种方式能够产生正面的作用，并且于政府而言是个很好的措施：政府只需保证信息真实、完整地公开，剩下的环境规制任务，就由获得这些信息的利害相关方，通过和企业的互动去完成。当然，这也揭示了通过信息公开推动环保这一方式的局限：它要依赖公民环保意识的提高和市场机制的发达。如果投资者根本不在意企业在环保方面做得如何，那么信息公开通过股市的作用机制也就不存在了。这解释了为什么Xu 等（2012）发现信息公开在中国的影响不如西方明显；水污染信息公开产生的影响，比其他类型污染的信息公开产生的影响，明显要大。这也解释了为什么 Lyon 等（2013）发现企业在环保方面的优秀表现，在以获得环保奖项的方式获得社会认可之后，企业的股票价格并没有显著的变化，在某些情况下，甚至发生下跌，因为投资者认为企业把资源投到了并不能有效提高投资回报的领域。[②]

除此之外，通过环境信息公开推动环保的思路，还有什么挑战吗？第一，公众看到的信息都是过时的。企业把信息报告到政府之后，政府进行汇总并通过网站进行公布，这个过程通常需要一年多，甚至更长的时间。我于 2020年 3 月 4 日下午在有毒化学物质排放清单项目网站上进行搜索的时候，能够得到的最新信息是 2018 年的。

第二，公众可能并不能够完全理解所公开的信息。例如，我们从有毒化学物质排放清单项目网站上搜索到的结果告诉我们，费城地区 2018 年硫酸的排放量是 15 450 磅。但是这样一个数据于我而言并没有什么意义。因为我根

① Xu，X. D.，Zeng，S. X.，Tam，C. M. Stock Market's Reaction to Disclosure of Environmental Violations：Evidence from China. *Journal of Business Ethics*，2012，107（2）：227 – 237.

② Lyon，T.，Lu，Y.，Shi，X.，et al. How Do Investors Respond to Green Company Awards in China? *Ecological Economics*，2013，94（C）：1 – 8.

本不知道这是个什么化学物质，也不知道它的毒性如何，更不知道这个排放量是大自然完全能够正常消纳的，还是会产生严重的健康威胁。幸运的是，在这些方面，有些非营利组织或者专业组织能够帮忙。EPA（2003）[①] 提到的 Scorecard 项目就是个很好的例子，这个项目是由非营利组织美国环保协会（Environmental Defense Fund）发起的，其主要的目的是把有毒化学物质排放清单项目和其他政府项目公布的信息转化成普通公众能够理解的信息。根据 EPA（2003）的报告，公众在这个网站上的搜索量要远超过在有毒化学物质排放清单项目网站上的搜索量。

第三，存在信息真实性的问题。基础的信息都是企业报告上来的，这些信息的准确性存在问题。即使企业不是故意隐瞒或者捏造信息，公司填表人员在理解上的偏差，也可能造成有关信息在时间跨度上不可比，以及在企业之间没有可比性。例如，Graham（2002）[②] 在她的书中写道，有一项调研考察了 80 个 1991—1994 年报告了化学物质排放大幅度减少的企业，这项调研发现了一个书面文字表述的变化，即把厂内回收行为（onsite recycling activities）重新定义为生产流程中的物质再利用（in-process recovery），这解释了这些企业在此时间段一半以上的减排量。当然，随着时间的推移，这种定义或者理解上的偏差能够被逐渐消除。在今天，我们的研究者大量使用有毒化学物质排放清单项目公布的数据，数据质量还是非常高的。

第四，利害相关方并不能有效地获取想要获取的信息。美国的有毒化学物质排放清单项目平台是信息公开的一个典范。在更多的情况下，利害相关方并不能非常方便地获取相关信息。例如，我们国家有重点污染源在线监测数据，但是这些监测数据由各省份用各种不同的方式公开。系统地获取这些信息，尤其是历史信息是非常困难的。再例如，在我国，存在环境违法的企业必须在第二年的 3 月底之前公开相关的环境信息，但是公开的方式可能是网络或者是纸媒，很难获得系统的信息。为了克服这些困难，很多环保组织付出了大量努力，使环保信息可得、易懂。在这方面，环保组织公众环境研究中心是个典范。这个组织在其官网上这样定位自己："公众环境研究中心（Institute of Public and Environmental Affairs，IPE）是一家在北京注册的公益环境研究机构。自 2006 年 6 月成立以来，IPE 致力于收集、整理和分析政府和企业公开的环境信息，搭建环境信息数据库和蔚蓝地图网站、蔚蓝地图 App 两个应用平台，整合环境数据服务于绿色采购、绿色金融和政府环境

[①]　EPA. How Are the Toxics Release Inventory Data Used? —Government Business Academic and Citizen Uses. Washing，D. C.：Toxics Release Inventory Program Division，Office of Environmental Information，Office of Information Analysis and Access，U. S. Environmental Protection Agency，2003.

[②]　Graham，M. *Democracy by Disclosure：The Rise of Technopopulism*. Washington，D. C.：Brookings Institution Press，2002.

决策，通过企业、政府、公益组织、研究机构等多方合力，撬动大批企业实现环保转型，促进环境信息公开和环境治理机制的完善。"这个组织全面收录31个省份、338个地级市政府发布的环境质量、环境排放和污染源监管记录，以及企业基于相关法规和企业社会责任要求所做的强制或自愿披露。它还和有关媒体合作，积极向利害相关方输送信息。例如，从2015年起，公众环境研究中心与《证券时报》联合推出"上市公司污染源在线监测风险排行榜前20"，这份上市公司排污榜每周公布一期，通过《证券时报》把环保信息传送给投资者。

第五，利害相关方与企业的互动受到自身行动逻辑的限制。例如社区利用有毒化学物质排放清单项目公开的信息，与企业进行有组织的谈判，首先要克服奥尔森（Olson）所提到的集体行动的困难，因为存在"搭便车"的可能，社区形成有效的集体行动并不是很容易。Zhou 和 Yin（2018）[1] 的研究揭示了信息公开对股市作用的限度。他们研究了公众环境研究中心与《证券时报》联合推出的上市公司排污榜，发现第一次上榜之后，上市公司的股票价格有了显著的下降，但是当一个企业第三次、第四次上榜之后，股市上不再有反应。这说明当股市完全消化了企业的环境风险之后，相关的环境信息公开就不能再影响企业的行为了。

第六是国家安全的问题。由于公布有害化学物质的信息，这些储存和使用大量有害化学物质的企业有可能成为恐怖分子袭击的目标。这个担心在"9·11"事件之后更深刻地影响了有关信息公开项目的发展。在美国，还有一个叫作风险管理计划的项目，是美国国家环境保护局主管的，这个项目要求企业上报发生化学事故时可能产生的最坏结果和企业的危机处理流程。这个项目的信息一直处于保密状态。

第 4 节　生态标签

另一种环境信息管理方式是关注产品本身，关注产品使用过程中所可能产生的环境和健康影响。前面我们提到，这个政策或者管理思路的逻辑起点也是克服信息不对称：如果有环保意识的消费者想要购买更节能、更健康的产品，他们也愿意为这些产品支付更高的价格，这会给企业研发并生产节能和健康产品的激励。随着消费者环保意识的提升，更多的产品会变得越来越节能、越来越环保，问题也就解决了。但这个机制发挥作用的一个前提是，

---

① Zhou，H．，Yin，H. Stock Market Reaction to Environmental Disclosure：New Evidence from China. *Applied Economics Letters*，2018，25（13）：910 - 913.

消费者能够准确获取并且正确认知环境信息。这并不是一件很容易的事情。例如，有两桶洗衣液，你怎么能够知道其中一桶洗衣液在其生命周期的使用过程中产生的碳排放会小于另外一桶呢？生态标签（eco-label）就是为解决这样的信息不对称问题而设计的。

　　生态标签有的是政府强制的，例如中国能效标识。在中国，凡是白电产品，出厂的时候都要贴上中国能效标识。还有的是非营利组织发起和推动的，例如森林管理委员会（Forest Stewardship Council，FSC），是 1993 年在加拿大多伦多成立的一个非政府、非营利组织，致力于促进全球社会责任的森林管理。它授权独立的第三方机构，根据 FSC 的标准为森林经营单位和林产品加工企业提供认证，其商标为支持负责任的森林经营增长的组织提供了国际公认度，其产品标签便于全球消费者辨别世界上支持负责任的森林经营增长的产品。生态标签示例如图 5-2 所示。

图 5-2　生态标签示例

　　生态标签的初衷是通过信息提供，利用消费者的力量，鼓励企业去生产更符合环境保护和社会责任的产品。但是，众多有关生态标签的研究却未能证明生态标签的使用真的给厂商和环境带来了切实的好处（Blackman and Rivera，2011）。① 那么使用生态标签这种管理手段所面临的主要问题是什么呢？

　　首先是信息失真的问题。2012 年，海信集团董事长言辞激烈地批评了家电行业的现状。他指出，在白电行业，有许多企业虚标能效。他的批评把能效虚标的现象推到了台前。能效等级是政府规定的，根据能耗水平在不同的区间范围分为不同的等级：等级 1、2、3、4 和 5。但是张贴能效标识的主体是生产企业。尽管检测的结果显示产品能耗是在能效等级 3 的区间，但企业可能堂而皇之地贴着等级 1。这就是虚假标签。如果企业提供给消费者的信息不是真实的，那么生态标签的作用机制就崩坍了。消费者逐渐不相信生态标签上的信息，就不会根据这些信息购买节能或者环保的产品；消费者不购买，工

　　① Blackman, A., Rivera, J. Producer-Level Benefits of Sustainability Certification. *Conservation Biology: The Journal of the Society for Conservation Biology*，2011，25（6）：1176-1185.

厂也就不会研发和生产这些产品，良性循环被打破，生态标签失去了作用。

那应该怎么办？很自然的思路是把张贴能效标识的工作推给政府，或者有很强的公信力的第三方机构。这是否可行呢？我曾带着这个问题去访谈了中国标准化研究院的工作人员。中国标准化研究院负责生态标签的实施和推广，包括中国能效标识。得到的信息是，中国标准化研究院并不打算成为能效等级的认定主体，并张贴能效标识。为什么？现实的考虑是没有足够的人力和物力。这是我们前面讨论命令与控制手段时所强调的实施问题。中国有很多家电企业，这些企业生产各种产品，而且这些产品更新换代非常快，每个月甚至每天都会有新的型号出现在市场上，中国标准化研究院没有足够的人力资源和资金来做能效等级的认定。同时，受访的工作人员指出，"虚假标签与质量问题有什么区别？实际上两者并没有什么区别。你说这个黄瓜是完全有机种植的，但这不是真的，其实在黄瓜种植期间用了化肥和农药，这可以说是质量问题，也可以说是虚假标签，或者虚假宣传。"

其实对于类似的问题，我们可以根据现有的规范去处理。这就是我们的市场监管工作，是由市场监管部门来负责实施的。如果市场监管部门在市场抽样调查中发现虚假标签的现象，它们完全可以采取两种手段。一是罚款，如果罚款足够高的话，企业在贴虚假标签的时候会有所顾虑。二是建立黑名单制度，把使用虚假标签的商家列入黑名单，消费者就可以对这些商家的产品有所警惕。比如一个企业在冰箱上用了虚假标签，它就可能在电视等其他产品上故伎重施，甚至在基本的产品质量上，也会出现问题。失去消费者的信任，会严重地伤害企业的竞争和盈利能力。这样也是有威慑的。总之，在现有的制度框架之内，完全可能解决这个问题。任何制度的成熟都需要一个过程，我们期望在政府、企业和非营利组织的良性互动中，能效虚标的现象能够被消除。

其次，消费者对生态标签的反应各不相同。并不是所有的生态标签都能受到消费者的青睐，并通过消费者的购买和支付意愿获得奖励。例如，对于有生态标签的有机纺织产品，即使价格高出20%～30%，人们仍旧非常热衷购买；但是却不想为那些被证明能够100%可降解的塑料袋支付额外费用。这是为什么呢？这与生态标签所指向的生态属性有密切的关系。通常我们区分三种情形：生态属性与个人有关，并且关涉健康要素；生态属性与个人有关，但不关涉健康要素，只与金钱有关；生态属性与个人无关。

在第一种情形下，人们愿意为了自己的健康多支付价格，所以有机食物的价格非常高。在第二种情形下，例如能效标识，当你购买能耗小的家电后，在使用的时候就可以节省用电量，从而节省费用。这时消费者有一定的支付意愿。但在第三种情形下，被证明100%可降解的塑料袋能够产生正外部性，但与个人使用产品的效用无关。在这种情况下，个人的支付意愿很有限。

比如服装这种产品，如果你告诉我这些衣服的原料是有机棉，我会很关注，认为很好，会愿意花费很多钱；但如果你告诉我这些衣服的生产过程很环保，不会排放很多污水和废气，我或许不会在意，因为这些衣服是在山东生产的，而我住在上海，与我无关，我不愿意支付更多。因此，当我们谈到生态标签时，不能一概而论，而要仔细思考生态属性所指向的收益在哪里。这不是仅在中国存在的问题，而是个普遍的问题。在美国有个很有趣的实验，是关于购买原木浆制成的厕纸和回收纸制成的厕纸的决策。当实验人员问人们是否愿意购买回收纸制成的厕纸时，人们一般会回答愿意，因为只是厕纸，没有什么要紧的，两者没什么区别。之后调查者去超市观察人们的实际行为，发现由于原浆纸洁白而柔软，回收纸则看上去并不是那么好，人们会选择购买原浆纸。因此即使在选择厕纸上，人们也是口中说的是一回事，做起来又是另一回事。这是因为不使用原木浆制成的厕纸只与公共利益有关，消费者并没有得到个人利益。

当然，个人关切自身利益的取向，并不总是不利于环保产品的推广。一个例子是丰田普锐斯。[①] 这款汽车于 1997 年进入市场，在美国很流行，尤其是在加利福尼亚州，销售量迅速增加。为什么加利福尼亚人喜欢这款车呢？研究者的结论很有趣，并不是因为它可以节省燃油，从而更环保，而是因为它看起来与众不同，其外观设计彰显了驾车人的环保意识。在加利福尼亚州，人们很注重环保，如果你驾驶一辆普锐斯汽车，它很节能，周围的人看到它独特的外观，会说你很棒，很关注环保，这才是人们购买普锐斯的最大动机。当你驾驶普锐斯的时候，你获得了个人收益，与健康和金钱无关，而是社会形象和社会认同。

所以，生态标签和消费者购买意愿之间的作用机制是个非常有意思的研究话题。我们所要做的，是通过提升我们在作用机制方面的认知，使生态标签这一政策工具能够更好地为推动企业提升环境管理水平和绩效发挥正面的作用。它的魅力在于，提供了一条平行于政府监管之外的社会监管的可能性：消费者利用他们的购买力，实现环保的社会目标。

第 5 节　自愿性环境信息公开项目

我们前面所讨论的美国的有毒化学物质排放清单项目和中国的能效标识项目，虽然一个侧重生产过程，一个主要关注产品使用过程中产生的环保问

---

① 丰田普锐斯是世界上最早实现批量生产的混合动力汽车，根据美国国家环境保护局 2007 年的资料，丰田普锐斯是在美国销售的汽车中最节省燃油的一款汽车。

题，但两者有个共同点，那就是，都是政府强制实施的项目，是企业必须去做的事情。

从目前的政策实践来看，大部分的信息公开还都是自愿性的。根据我国的相关规定，企事业单位可以参照重点排污单位，进行信息公开。而且国家鼓励企业事业单位自愿公开有利于保护生态环境、防治污染、履行社会环境责任的相关信息。

关于上市公司，我国有《上市公司环境信息披露指南（征求意见稿）》，其中规定重污染行业上市公司应当定期披露环境信息，发布年度环境报告；发生突发环境事件或受到重大环保处罚的，应发布临时环境报告。同时鼓励其他行业的上市公司参照本指南披露环境信息。重污染行业包括火电、钢铁、水泥、电解铝、煤炭、冶金、化工、石化、建材、造纸、酿造、制药、发酵、纺织、制革和采矿业。2019 年，中国环境新闻工作者协会与北京化工大学联合发布的《中国上市公司环境责任信息披露评价报告（2018）》显示，2018 年中国沪深股市上市公司总计 3 567 家，已发布相关环境责任报告、社会责任报告及可持续发展报告的企业共 928 家，其中，发布环境报告的企业共 18 家；未发布上市公司环境信息披露相关报告的企业共 2 639 家。这说明我国上市公司的环境信息披露，基本上还是按照自愿的原则来进行。

那么这些自愿的环境信息披露项目是否也能像强制性的环境信息披露项目一样，有效地推动企业改善环境管理水平和环境绩效呢？我们来看 Kim 和 Lyon（2011）的研究。[①] 他们研究的标的是美国一个自愿登记碳减排的信息披露项目。美国 1992 年的能源法案的第 1605（b）条款要求政府设立一个信息披露的平台，企业可自愿到这个平台上登记它为减少温室气体排放所做出的贡献。作者的发现主要体现在图 5-3 和图 5-4 中。

从图 5-3 中可以看到，在各年份中，这个自愿信息披露项目的参与者的实际碳排放量有所增加，而项目的非参与者的实际碳排放量反而有所降低。这个现象很令人费解。在图 5-4 中，我们看到这些自愿信息披露项目的参与者宣称其进行了碳减排。这是什么原因呢？一个可能的解释是：这些项目参与者的实际碳排放量增加了（可能是因为产能的扩张），为了避免受到过多的批评，他们往往会同时做些碳减排的项目，例如植树，然后通过政府的自愿信息披露项目向社会公开，以抵消掉其他项目带来的负面影响。因而，自愿信息披露项目常常会引致"洗绿"的批评。

企业为什么能这样做呢？因为自愿信息披露项目的一个特点是：在披露的内容方面往往保持很大的灵活性。在美国能源部 1605（b）项目中，企业可以选

---

① Kim, E. H., Lyon, T. P. Strategic Environmental Disclosure: Evidence from the DOE's Voluntary Greenhouse Gas Registry. *Journal of Environmental Economics and Management*, 2011, 61 (3): 311-326.

择以项目为单元报告，也可以选择以整个企业为单元报告；可以选择假设的基准线，也可选择某个历史年份为基准线；可以选择报告绝对的减排量，也可报告排放强度的变化；可以报告直接减排，也可报告间接减排。这种灵活性为企业的选择性报告提供了可能。当然我们说可以让这些自愿披露项目更严格，这实质上会使这些项目向强制性披露项目靠拢。自愿性信息披露项目还会存在，但政策制定者一定要认识到它在鼓励企业改善环境绩效方面的限度。

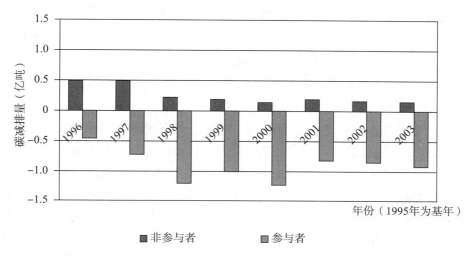

图 5－3　美国 1605（b）项目的参与者和非参与者的实际碳减排量

资料来源：Kim，E. H.，Lyon，T. P. Strategic Environmental Disclosure：Evidence from the DOE's Voluntary Greenhouse Gas Registry. *Journal of Environmental Economics and Management*，2011，61（3）：311－326.

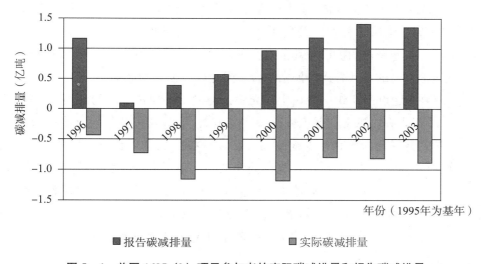

图 5－4　美国 1605（b）项目参与者的实际碳减排量和报告碳减排量

资料来源：Kim，E. H.，Lyon，T. P. Strategic Environmental Disclosure：Evidence from the DOE's Voluntary Greenhouse Gas Registry. *Journal of Environmental Economics and Management*，2011，61（3）：311－326.

第 6 节　正确使用环境信息

在本章最后，我们用一个案例来结束我们关于环境信息管理的讨论。这个案例是关于壳牌公司的 Brent Spar 石油钻井平台。这个石油钻井平台已经使用了很多年，接近报废，所以壳牌公司打算把它拆除，退出使用。对于壳牌公司来说，它想用最便宜的方法，也就是将这个平台沉入海底；但是这个方案遭到了绿色和平组织（一个非营利组织，以攻击性闻名，经常与企业进行斗争）的强烈抵制，它认为应该把这个平台拖拽上岸处理，这才是最环保的做法。

这个问题后来变得越来越大，因为海上有很多类似的石油钻井平台。Brent Spar 石油钻井平台的处理，会为后面成百上千个石油钻井平台的处理形成一个先例。从合法合规的角度看，壳牌公司遵守当时的国际法，也遵守当时所有关于北海地区合作开发的国际公约，所以壳牌公司非常强硬，它声称，来自 Brent Spar 石油钻井平台的任何污染物都将被迅速稀释，其影响将被限制在几百米以内；而绿色和平组织则坚持认为，该石油钻井平台的储罐中含有"超过 130 吨的高毒性和放射性物质，包括镭和砷"，这些物质将对海洋环境造成不可挽回的伤害。它们传递出来的信息是完全相反的。但是人们显然对非营利组织的信任程度比对政府和企业的信任程度高得多。

除了在媒体上宣传自己的主张，绿色和平组织还开展了广泛的抗议活动。它呼吁消费者抵制壳牌公司的产品，一些报道称壳牌公司的业务下降了50%。有些激进的抗议者甚至对壳牌加油站进行物理攻击。绿色和平组织还试图把自己的示威者送上勘钻平台，阻止壳牌公司的计划。

在绿色和平组织的抗议中，壳牌公司制定了非常激进的计划：1995 年 6 月 14 日，在报纸上刊登广告；1995 年 6 月 19 日，用铁丝网覆盖 Brent Spar 石油钻井平台，宣布计划在 20 日或 21 日将其沉没。但是，仅仅一天之后，在 1995 年 6 月 20 日下午，壳牌公司的态度来了个 180 度大转变，宣布将申请陆上处置许可证。其后数年，该公司评估了多项不同的处理方案，最终于1998 年 1 月在挪威的一个深水海湾拆卸了 Brent Spar 石油钻井平台。部分石料被再利用，用于在挪威建造一个新的渡轮码头，处置费用总额约为 9 600万美元。

但这还不是故事的结局。石油钻井平台被拖拽上岸之后，人们有机会仔细观察它的内部，看看它里面到底有什么。结果表明，壳牌公司之前告知公众的信息比较接近事实，平台里没有多少有毒物质，也不会对环境造成非常严重的危害。在这个故事中没有人胜出。壳牌公司支付了巨额费用；但是绿色和平组织也输了，其声誉受到了严重的影响，绿色和平组织的副主席最终不得不在电视上公开向壳牌公司道歉。

那么我们为什么要讨论这个案例呢？这个案例告诉我们，因为绝大多数人在环境问题上没有很多知识储备，所以我们把环境信息管理作为一种政策工具时，必须非常谨慎。回想一下有毒化学物质排放清单项目公布的数据，当作为普通公众的我们看到化学物质的数据时，我们并不理解数据背后到底代表了什么。风险评估（risk assessment）和风险认知（risk perception）是完全不同的事情。风险评估是科学家根据专业知识做出的专业判断，但风险认知是公众所认为的。前者往往更接近事实，但后者往往支配人们的行为，所以我们有"感知即现实"（perception is reality）的说法。

在大部分公众不理解风险的情况下，他们就有夸大风险的倾向。我们经常看到这样的例子。比如中国的 PX 项目在这几年是"过街老鼠，人人喊打"。每当 PX 项目想要进入一个城市，比如说大连、昆明和厦门的时候，公众就会用示威游行的方式，对政府施加压力。最终这些城市的 PX 项目都停止了。但是专家会告诉你，日本、韩国都有很多 PX 项目，PX 项目的风险可以被很好地控制和管理，所以不需要担忧。还有很多类似的例子。比如美国在过去的三四十年里没有建设核电站，是因为人们害怕核，开展了一个叫作"别建在我家后院"（Not in My Backyard）的运动，因而没有地方能够建立核电站。但事实是，在法国，70% 的电来自核电，在很多专家看来，核电的风险完全是可控的。当然这是个非常有争议的话题，因为每个人的认知是很不同的。我的观点是：因为风险认知的重要性，所以使用环境信息公开作为政策工具的时候，要保持谨慎的态度，要把公众的风险认知作为很重要的政策考量。

◀ **本章思考题** ▶

1. 认真地总结本章的内容，绘制本章内容思维导图。

2. 登录公众环境研究中心的网站，考察该网站提供的企业环境信息数据，思考如何更好地利用这些信息，达到督促企业更好地履行环保责任的目标。这个网站的信息来源是政府强制公开的环境信息，讨论如何设计强制性的环境信息公开项目，使其能更有效地克服此类项目遇到的挑战，发挥它们的优势。

3. "洗绿"（greenwash）是指企业表面上看起来在做有利于环境的事情，实际上却在进行给环境带来很坏影响的活动。探讨如何从制度上防止企业自愿环境信息披露项目成为企业选择性地进行信息披露，即进行"洗绿"的工具。

4. 2022年2月8日，生态环境部于2021年底颁布的新版《企业环境信息依法披露管理办法》正式生效。这是对2021年5月出台的《环境信息依法披露制度改革方案》的具体推进和落实。这份改革方案制定了中国未来5年的企业环境信息依法披露制度建设的路线图，明确到2025年基本形成环境信息强制性披露制度。

这次公布的新版管理办法，取代了2015年的《企业事业单位环境信息公开办法》。研习2022年新版管理办法，并将其与2015年的旧版管理办法做比较。探讨两者在涵盖主体、披露内容和信息共享方面的区别。指出2022年的新规做出了哪些改变，这些改变的理由是什么，并讨论要进一步做出何种改革，使信息公开在未来能够作为环保工具更好地发挥作用。

5. 碳信息披露项目（Carbon Disclosure Program，CDP）是一个成立于2000年的非政府组织，总部位于伦敦。目前碳信息披露项目与全球超过515家、总资产达106万亿美元的机构投资者以及超过140家采购企业合作，通过投资者和买家的力量以激励企业披露和管理其环境影响。2019年，全球共有8 400家约占全球市值50%的企业，及920多个城市、州和地区通过碳信息披露项目平台报告了其环境数据，这使得碳信息披露项目成为拥有全球最丰富的企业和政府推动环境改革信息的平台之一。碳信息披露项目通过实施精心设计的问卷调查来衡量和披露各企业温室气体排放及有关气候变化的战略目标。获邀的企业可以选择回答问卷并允许答案公开，也可以表示拒绝，即不参与调查。

通过互联网查阅更多关于碳信息披露项目的资料，研讨下列问题：碳信息披露项目属于强制还是自愿环境信息披露项目？它的主要目的和作用机制是什么？为什么机构投资者会积极参与碳信息披露项目？采购企业的参与起到什么作用？它与目前日渐流行的可持续供应链管理有什么内在关系？

6. 森林管理委员会（FSC）是一个独立的、非营利性的非政府组织。凡对森林及森林产品感兴趣，并承认FSC的目标，即可以成为该组织的成员。FSC旨在促进对环境负责、对社会有益和在经济上可行的森林经营活动，为实现这些目标，它倡导以自愿、独立、第三方认证为主要的方法手段。每个国家的认证都是建立在10条通用的准则和森林评价标准之上，主要包括社会的、环境的和经济的因素。全球79个国家大约1亿公顷的森林获得认证。通过互联网了解FSC的发展历史，回答以下问题：从FSC作为一个生态标签认证的发展历史上看，是什么因素促成了它的成功？

第6章

环境保护的债务责任方法

本章学习要点

● 环境债务责任制度和其实施的理论基础
● 环境债务责任制度在鼓励企业环保行为方面的主要限度
● 美国超级基金
● 严格责任
● 追溯责任
● 连带责任
● 美国超级基金如何克服环境债务责任制度的主要限度
● 褐地困境及其主要出路

第1节　环境风险和环境债务责任

2018年11月4日，福建泉州市泉港区发生碳九泄漏事件。碳九是一种危险的化学物质，如果处理不当，会对周边地区的环境和居民健康造成严重的影响。最后的调查通报纠正了之前管道老化的说法，指出事故发生的主要原因是生产管理责任没有落实。类似这样的环境事故还有很多。例如，2010年的"7·16"大连输油管道爆炸事故，导致河道污染，甚至俄罗斯都受到影响。处理这种环境风险的政策目标主要有两个：首先是降低风险，这是最重要的；其次是保证有足够的赔付，也就是一旦发生了环境事故，要有能力进行环境修复和补偿第三方所遭受的财产损失和健康损害。

传统的命令和控制型环保政策依靠技术规制和管理规制来实现第一个政策目标。我们在第2章中详细讨论了命令和控制手段所面临的挑战。具体到我们讨论的环境风险管控的问题，主要有两个困难：一是实施问题。在碳九泄漏的事故中，最后的原因勘定为生产管理责任未落实，即不是没有安全生产管理制度和责任确定，也就是管理规制，而是未落实这些生产管理责任。二是激励问题。在满足了政府规定，制定了安全生产管理制度之后，企业没有更强的动机去更好地管理这些风险。为什么没有更强的动机呢？因为环境事故主要是对环境和自然资源造成伤害，这些受害者不会说话，不会抱怨，价值的估量也非常困难。因此，企业很有可能会不负责任，不进行相应的赔付。而且，在实际的政策实施过程中，很多环境损失的处理事实上都是由政府买单了，这会形成一种负面的激励：反正有人买单，我更不需要付出努力降低环境风险了。

那有没有更好的方法呢？从我们上段的阐述中，读者可以体会到，企业激励不足的主要经济学原因，还是在于一个外部性的问题。第4章我们提到，负外部性的实质就是企业造成了危害而不需要为此支付代价，所以解决这个问题的方法就是把外部性内生化。把外部性内生化的一个手段是我们讨论过的税收制度。在环境风险的情形中，我们主要运用的政策手段就是环境债务责任制度。环境债务责任制度也是一种处理负外部性的方法，因为环境债务责任制度的实质，就是在法律上强制肇事企业要承担环境伤害的责任。从理论上看，环境债务责任制度能够实现前面所说的两个政策目标：首先，我们能够保障赔付。在环境债务责任制度下，污染者付费，我们可以从污染企业获得这一笔赔偿金，补偿污染带来的危害。其次，创造激励。因为企业知道要承担所有的责任，虽然一次责任管理落实不到位不一定会引致事故的发生，但如果总是操作不当、不小心，以及设备老化，出事故的概率就会变大，总有一天可能会发生。一旦事故发生，企业就要负全责，要支付赔偿，这样一来，企业就会有动力定期检查设备，就会谨慎操作。

第2节　环境债务责任制度的挑战

有了严格的环境债务责任制度，是不是就可以高枕无忧了呢？当然不是，现实中环境债务责任制度可能会失效，从而不能实现上述两个目标。问题在哪里呢？我们注意到，要达成上述目标，前提假设是企业要负全部责任，承担所有因其生产经营活动造成的环境和健康损失的赔付责任。但在现实中，企业不一定负全责。这主要有以下两个原因。

首先是法院并不一定会裁定污染企业负全部责任。通常来说，环境损害相关的侵权问题属于民事责任的范畴。民事责任中有两个重要的原则：一是"不告不理"，是指没有原告的起诉，法院就不能进行审判；二是"谁主张谁举证"，就是当事人对自己提出的主张提供证据，并加以证明。例如，一个村民发现自己患上了癌症，怀疑是村旁的化工厂造成的。他需要通过法律诉讼程序才能获得赔付。大多数村民可能因为贫穷而雇不起律师，从而不提起诉讼；就算他们有钱，也可能因为没有相关的知识而无法确定化工厂的污染与他的疾病之间的确切关系。退一万步讲，就算他能够证明化学品使用与他的疾病之间的关系，在法庭上，企业还是有很多借口来逃避责任，比如说它会反驳污染并不是它这个企业造成的，而是另一家企业污染了河流，那家企业才应该负责，或者干脆说根本不是工业污染造成的，是农业生产中化肥农药的使用造成的污染。在这种情况下，法官无法确认企业的责任，无法判决让企业赔偿，或者只能让企业部分赔偿。这样，企业就会缺乏足够的动机去降低风险。

其次是企业可以从环境债务责任中逃脱。这就是我们常说的有限债务（limited liability）或者小企业问题（small firm problem）。当一个小企业造成严重的环境污染或者健康损害的时候，它能很轻易地逃脱环境债务责任。因为这是民事责任，通常以企业的资产作为其债务偿还能力的上限，所以企业可以很坦然地说，我的口袋里只有 5 块钱。这种情况下，企业就只赔 5 块钱，其他的只能由政府或者受害者个人来承担。这样一来，企业就能逃避环境债务责任。从上面的逻辑来看，如果小企业能通过破产的方式逃避环境债务责任，那么它们就没有足够的动机去降低风险，受害方也很难得到足够的赔偿。

关于小企业问题，Shavell（1992）做过很详细的理论探讨。[①] 从实证上看，这个问题也确实存在。在这方面，最有名的研究是 Ringleb 和 Wiggins（1990）的文章。[②] 在这篇文章中，作者按照企业作业的致癌风险给所有行业进行了排序。然后他们研究了美国 1967 年法律体系的变化在工业结构方面产生的影响。美国的法律体系是以普通法为基础的，法官的审判主要依靠案例，而不是成文法。1967 年之后，作者发现法官在审判的时候，更倾向于同情受害者，支持受害者向企业索赔的诉求。在这段时间，如果你起诉说自己得了癌症，怀疑癌症是因为在雇主的工厂工作的时候接触了一些致癌的化学物质而导致的，法官很有可能支持你，判企业支付赔偿。而在此之前，众多的判例表明，法官更倾向于支持企业，以因果关系难以判定为由不支持受害者要求赔偿的诉求。他们的研究表明，1967 年之后，在致癌风险高企的行业，观察到越来越多小企业的进入。而在 1967 年之前，小企业在各个行业的分布与

① Shavell，S. The Judgment Proof Problem. //Dionne，G.，Harrington，S. E. *Foundations of Insurance Economics：Readings in Economics and Finance*. Dordrecht：Springer Netherlands，1992.

② Ringleb，A. H.，Wiggins，S. N. Liability and Large-scale，Long-term Hazards. *Journal of Political Economy*，1990，98（3）：574 - 595.

行业的致癌风险并没有显著的关系。

这是为什么呢？如果你是一家大企业，你知道员工会在工作中处理大量的致癌物质，你也知道如果你的员工得了癌症，很容易通过到法院起诉的方式从企业获取大额的赔偿。企业会怎么做？大企业有可能会把危险的作业环节剥离，交给小企业去做。比如在皮革行业，从生皮做成熟皮的过程会有很大的污染，一家理性的企业会把这个环节剥离出来放进小企业，也就是成立一家专门做这个环节的小企业，原企业则从这家小企业购买生产所需的中间产品。小企业可以通过破产的方式逃避环境债务责任。正是这个逻辑导致了1967 年之后，在致癌风险比较高的行业中，小企业数量迅速增长的现象。

第 3 节　几个简洁的模型

上面的推理可以用几个简洁的模型来刻画。我们有三个目标函数：

社会最优：

$$\min\{p(x_i)L_i + x_i\} \tag{6-1}$$

当法院并不总是裁定肇事企业负全责的时候：

$$\min\{\alpha p(x_i)L_i + x_i\} \tag{6-2}$$

当小企业问题严重的时候：

$$\min\{\alpha p(x_i)\min(A_i, L_i) + x_i\} \tag{6-3}$$

在第一个目标函数［式（6-1）］中，x_i 是企业为了减少环境或者健康风险而做出的努力；L_i 是一旦事故发生会造成的社会损失；$p(x_i)$ 是发生事故且造成社会损失的概率。比如在泉州碳九泄漏事件中，x_i 就是企业为减少类似事故发生而做出的努力，这样的气体泄漏事件发生有一个概率 p_i，是 x_i 的函数，而一旦气体泄漏事件发生，会造成一定的社会损失 L_i。

式（6-2）是在第一个目标函数基础上进行的修正，表示的情况是，在事故发生并且造成社会损失的时候，法官判决企业赔偿不是必然的，而是有一定概率的，这个概率我们用 α 来表示。那么，$\alpha p(x_i)L_i$ 就是企业在事前预期会支付的赔偿。

式（6-3）是在第二个目标函数［式（6-2）］上进行的修正，主要是进一步考虑小企业问题。在企业可以通过破产逃避环境债务责任的情况下，企业不需要承担全部责任 L_i，而是只需要以自身所拥有的资产 A_i 为限来承担责任，所以企业在事前预期会支付的赔偿是 $\alpha p(x_i)\min(A_i, L_i)$。

在这三种情况下，我们很容易通过最大化的条件来确定 x_i 的大小。通过对式（6-1）求导，可以得到 $p'(x_i^1) = -\dfrac{1}{L}$；类似地，我们从式（6-2）可以得到 $p'(x_i^2) = -\dfrac{1}{\alpha L}$，从式（6-3）可以得到 $p'(x_i^3) = -\dfrac{1}{\alpha \min(A_i,\ L_i)}$。图 6-1 刻画了企业所面临的环境风险曲线：横轴为 x_i，纵轴为 $p(x_i)$。这是一条向下倾斜且斜率的绝对值不断减小的曲线：随着以风险控制为目标的努力的增加，风险会不断降低，但是努力的边际效用是递减的。因为当企业为减少环境和健康风险投入第一个单位努力的时候，环境和健康事故发生的概率会明显降低；但是随着投入的不断增加，边际上的效果会越来越差，当企业已经做了很多努力之后，即使再新增加一单位的努力，也不会显著降低风险了。我们很容易看到：$p'(x_i^1) = -\dfrac{1}{L} > p'(x_i^2) = -\dfrac{1}{\alpha L} > p'(x_i^3) = -\dfrac{1}{\alpha \min(A_i,\ L_i)}$。相应地，我们得到 $x_i^1 > x_i^2 > x_i^3$。也就是说，只要受害者提起诉讼并获得法院支持的概率小于 1，企业降低风险的努力水平就会低于社会最优的水平；在小企业问题存在的情况下，企业降低风险的努力水平会更低。上述结果所有的根源都是一个：企业不为自己的行为负全部的责任。

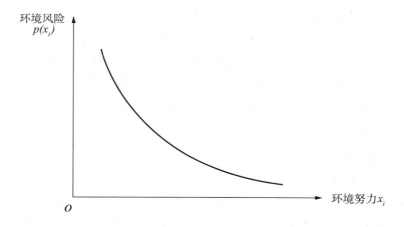

图 6-1　环境风险与企业的努力水平

这是基本模型，之后有很多学者在这个模型上进行了拓展。主要有两个方向。首先是沿着小企业问题方向拓展。例如，Beard（1990）[1]认为，如果企业降低环境和健康风险的努力是金钱性的，而且投资比较大的时候，会影响到企业的资产规模，进而影响到企业破产的概率。在这种情况下，企业降

① Beard，T. R. Bankruptcy and Care Choice. *The RAND Journal of Economics*，1990，21（4）：10.

低风险的努力，实质上会因为企业破产而受到"补贴"，从而推高企业的努力水平，甚至会超过社会最优的水平。其次是沿着法院审判不确定性的方向拓展。主要是把我们上面模型中的 α 看作 x_i 的函数，不再是个外生变量，而是个内生变量。在这个方面有代表性的文章是 Kolstad 等（1990）。[①] 这两篇论文都列在了书末的拓展阅读中，感兴趣的读者可以仔细研读。

第 4 节　美国的努力：超级基金

1980 年，美国颁布了一部改变环境债务责任规则的法律——《综合环境反应、补偿和责任法》（Comprehensive Environmental Response, Compensation, and Liability Act, CERCLA），俗称超级基金。这项立法的缘起要从"爱运河事件"（Love Canal Incident）说起。

爱运河（Love Canal）是一个社区，在这个社区里曾经有一家化工厂，后来这家化工厂搬到了其他地方。在这家化工厂搬迁之前，它做了一件当时很常见的事：把很多化学物质埋进了地下，用水泥盖起来，简单处理了一下就离开了。几年之后，当地学区的教育委员会想在这片土地上建一所学校，它找到这家化工厂想要购买这片土地，但化工厂拒绝了这个提议，明确表示地下有很多可能很危险的化学物质。在 20 世纪 50 年代，美国人的环保意识还没有那么强，教育委员会表示这没关系，它会处理。几轮谈判过后，双方达成协议，化工厂将土地转让给教育委员会，标价 1 美元，但是交易之后，与土地相关的所有环境债务责任将同时被转移给教育委员会。学校建起来了，一些家庭觉得住在学校周边不错，于是在附近建起了房子，慢慢地，周围形成了小社区。但是到了 20 世纪 80 年代，这个小社区出现了一些十分奇怪的现象：孕妇流产、儿童夭折、婴儿畸形、癫痫、直肠出血等病症频频发生。调查之后发现，原本埋在地下的化学物质渗入地下水，然后随着水蒸气进入地下室，如果在这样的环境中长期生活，就会得病。当时的美国总统卡特（Carter）签署了联邦紧急令，宣布封闭当地住宅，关闭学校，并将居民撤离。当然，这需要有人支付一大笔医疗费用。

那么现在的问题是：谁应该为此负责？谁应该清理污染，支付医疗费用，赔偿居民迁居的费用？教育委员会负责吗？但是污染不是它造成的。化工厂负责吗？但是它说转让土地的时候已经把环境债务责任都转移给教育委员会

① Kolstad, C. D., Ulen, T. S., Johnson, G. V. Ex Post Liability for Harm Vs. Ex Ante Safety Regulation: Substitutes or Complements?. *American Economic Review*, 1990, 80 (4): 888-901.

了。这成为一个很严重的社会问题。因为美国不是只有这一片"毒地"，作为曾经的工业大国，美国拥有大量的化工厂、钢铁厂，这些工厂污染了很多土地，很多曾经的工业用地都变成了"毒地"，都荒废了。这就是颁布 CER-CLA 的原因。中央政府要改变环境债务责任规则，首先是保证"毒地"治理的资金来源；其次是预防未来土地污染事件的发生。这部法律主要制定了三项原则：

第一是严格责任（strict liability）原则。严格责任原则又称无过错责任原则，是指环境污染或者健康风险发生以后，对于当事人责任的确定，应主要考虑环境污染或者健康风险的结果是否因企业的行为造成，而不考虑是否为企业的故意和过失行为。也就是说，过去你到法院提起诉讼，你需要证明企业存在故意或者过失行为，导致环境污染或造成了健康风险。现在你不需要证明这些了，你只需要证明环境污染或者健康风险存在，并且是由企业的行为造成的，企业就需要承担责任。这实质上是要努力解决第一个挑战，也就是我们理论模型中 α 的问题。

第二是追溯责任（retroactive liability）原则。追溯责任原则强调现有业主必须承担所有的环境债务责任，包括前业主之前的合法合规的生产活动造成的污染。也就是说，我购买了这片土地并做了清理，在我生产期间没有造成污染；但是后来在这片土地上发现了污染物，是由之前的业主造成的，即使前业主按照当时的法律法规，生产活动完全正当，没有过失，现有的业主也要承担全部的环境债务责任。这也是要努力解决第一个挑战，也就是我们理论模型中 α 的问题。

第三是连带责任（joint and several liability）原则。连带责任原则指的是污染地块的现有业主和前业主、使用者、造成污染的污染物的生产者和运输者都承担无限连带责任，而不管他们之间的相对责任的大小。例如，如果我开了一家工厂，在使用化学物质的过程中造成污染，不仅我需要承担责任，这片土地的前业主需要承担责任，而且生产我所使用的化学物质的厂家也要承担责任，甚至把该化学物质从生产者那里运输到我工厂来的运输方也要承担相应责任。也就是说，只要你与这个污染有一丁点儿关系，你就要承担责任；而且在其他的责任方没有偿付能力的情况下，不管真实责任的大小，你的资产越多，承担的偿付责任越多。从上面的模型分析来看，这一条的实质主要是要解决小企业问题，也就是说，要把 A_i —— 可用来承担债务责任的资产 —— 最大化，从而避免因为小企业破产而产生的环境债务责任无人偿付的问题。

超级基金在克服我们前面提到的两个挑战方面可谓是不遗余力。那问题是，如此严厉的环境债务责任规则的变化是否解决问题了呢？答案是并没有，伴生的让人头痛的问题仍有很多，主要有以下两个。

首先是交易成本的问题。依靠法律程序厘清并确认若干个潜在的责任主体之间的环境债务责任，并确保偿债支付发生，并不是件容易的事情。兰德公司的一项研究表明[1]，交易成本占政府超级基金支出的 60%，其中诉讼费用占 75%。举例来说，比如我是污染物的运输方，政府说我也要承担责任，而且是负全责，我当然不同意，如果我不愿意支付，我就会找一个律师，并在法庭上为自己辩护；即使我们要共同承担责任，那么我应该承担多少，10% 还是 20%，这在很多情况下是个说不清楚的问题。根据这项研究，在超级基金下每花费 100 美元，就有 60 美元是用在交易成本上，而其中的 45 美元则是进入了律师的口袋。

其次是褐地困境（brownfield dilemma）的问题。褐地指的是因危险物质或污染物的存在或潜在存在，而使其扩建、再开发或再利用变得复杂的不动产。在超级基金法律下，开发商不愿意接触这样的土地，因为只要与这些土地有一丁点儿关系，一旦环境或者健康损害事件发生，开发商就要承担全部责任。这就是美国有很多褐地的原因。美国市长会议的一项调查发现，在接受调查的 192 个城市中，有 9.5 万英亩的褐地。受访者将潜在环境债务责任的问题列为重新开发利用这些土地的主要障碍，仅次于缺乏资金。[2]

为了解决褐地开发的问题，2002 年美国通过了《小型企业责任免除和褐地复兴法案》，规定在下列条件下，可以免除潜在开发者的责任：要求开发商进行所有适当的调查以发现污染；对在现场发现的有害物质采取合理的措施，停止该物质的任何形式的持续释放，并防止未来的释放；与政府或其他进行响应行动的人员进行充分合作。在这样的情况下，大多数州会给潜在开发商发放"安慰"或"不采取进一步行动"的信函，承诺政府在未来不会因为该地块上因污染而产生的环境债务责任问题把开发商告上法庭。不过这样的规定也只能部分地解决褐地问题，因为政府只是能够提起诉讼的主体之一，还有个人、非营利组织以及社区组织也会因为环境污染提起诉讼。

我们看到，超级基金的初衷是为了充分释放环境债务责任制度这种政策工具的潜力，但是超级基金的出台又引致了褐地的问题，正是所谓的"按下葫芦起来瓢"。政策制定常常如此，为解决某种激励问题的政策会引发其他的问题。这正是我们在政策制定之前，需要很好地分析政策的激励体系，并学习他山之石的原因。

---

① Freeman，P.，Kunreuther，H. *Managing Environmental Risk Through Insurance*. Massachusetts：Kluwer Academic Publishers，1997.

② Chang，H. F.，Sigman，H. An Empirical Analysis of Cost Recovery in Superfund Cases：Implications for Brownfields and Joint and Several Liability. *Journal of Empirical Legal Studies*，2014，11（3）：477-504.

第 5 节　环境债务责任制度在中国

环境债务责任制度作为一种环境治理手段，随着中国法治体系的完善和公众环保意识的提高，必将在中国发挥越来重要的作用。

这种治理手段在中国发挥作用的障碍，除了我们在开篇提到的两个挑战之外，还体现在制度设计方面，这里我们主要讨论两点。

首先，在环境司法执行上，环境类案件长期按照刑事、民事和行政三类传统案件的分类管辖办法进行划分，而环境类案件往往同时涉及民事、刑事和行政等多个层面，具体划分上存在较大困难，传统的案件划分办法降低了环境类案件的审理效率。同时，环境类案件的调查、取证过程对审理者的专业背景要求较高，传统法院体系下的法官审理的多为一般的刑事、民事或行政案件，难免在审理环境类案件时对法律的适用把握不当，产生差错，影响环境类案件的审理质量。[①]由于缺乏专门的环境司法机构，现有的环境司法体系在实践中并未取得明显效果，环境司法不力严重影响了法治在环境污染治理中的作用。[②]

为了解决这个问题，中国开始了设立专门的环保法庭的探索。2007 年，首个环保法庭正式在贵阳市中级人民法院成立。随后，中国环保法庭的试点范围不断扩大，成为推进中国环境污染治理法治化的重要力量。2014 年 7 月，最高人民法院成立环境资源审判法庭，标志着环保法庭制度在中国的正式确立。截至 2014 年，全国各级人民法院共成立环保法庭 100 多个。在 283 个地级市中，共有审判庭 20 个，合议庭 23 个。范子英和赵仁杰（2019）的研究表明[③]：第一，环保法庭有效降低了工业污染物的排放总量和人均排放量，法治强化能够促进环境污染治理。第二，环保法庭的污染治理效应受到环保法庭的组织效率和该项制度的执行情况的影响；相比于环保合议庭，环保审判庭的减排效应更加明显，实际运行良好的环保法庭更能够促进环境污染治理。第三，在作用机制上，设立环保法庭能够有效改善地区环境污染纠纷司法处理水平，提升政府环境行政处罚水平和公众环保参与度；在居民司法维权、公众环保参与和政府环境监管程度越高的地区，法治强化的污染治

[①] 王树义 . 论生态文明建设与环境司法改革 . 中国法学，2014（3）.；黄莎，李广兵 . 环保法庭的合法性和正当性论证——兼与刘超博士商榷 . 法学评论，2010（5）.

[②] 张新宝，庄超 . 扩张与强化：环境侵权责任的综合适用 . 中国社会科学，2014（3）.

[③] 范子英，赵仁杰 . 法治强化能够促进污染治理吗？——来自环保法庭设立的证据 . 经济研究，2019（3）.

理效应越明显。

其次，在诉讼主体上，社会组织能否成为诉讼主体，提起环保公益诉讼，在 2015 年新的环保法实施之前，处于模糊的地带。这实质上是使得我们在之前讨论的模型中 α 的问题更为突出。

2015 年新环保法第五十八条明确规定："对污染环境、破坏生态，损害社会公共利益的行为，符合下列条件的社会组织可以向人民法院提起诉讼：（一）依法在设区的市级以上人民政府民政部门登记；（二）专门从事环境保护公益活动连续五年以上且无违法记录。符合前款规定的社会组织向人民法院提起诉讼，人民法院应当依法受理。提起诉讼的社会组织不得通过诉讼牟取经济利益。"在这之后，最高人民法院先后制定发布了《关于审理环境民事公益诉讼案件适用法律若干问题的解释》《关于审理环境侵权责任纠纷案件适用法律若干问题的解释》以及《人民法院审理人民检察院提起公益诉讼案件试点工作实施办法》等司法解释和规范性文件，与民政部、环境保护部联合发布《关于贯彻实施环境民事公益诉讼制度的通知》，不断加大顶层设计和政策指引力度，明确了社会组织在环保公益诉讼中的诉讼主体地位。

这些立法和司法改革推动了环保公益诉讼在中国的发展。根据最高人民法院在 2017 年公布的数据，2015 年 1 月至 2016 年 12 月，全国法院共受理社会组织和试点地区检察机关提起的环境公益诉讼一审案件 189 件，审结 73 件；受理二审案件 11 件，全部审结。其中，环境民事公益诉讼一审案件 137 件，环境行政公益诉讼一审案件 51 件，行政附带民事公益诉讼一审案件 1 件。并同时公布了十大典型案例，这些典型案例涉及社会组织提起环境公益诉讼主体资格，污染大气、水等具有一定自净能力的环境介质的责任承担，饮用水水源保护，美丽宜居乡村建设，公用事业单位和生产者超标排放的法律责任，以及检察机关提起的环境民事、行政公益诉讼案件的审理等热点、难点法律问题。

保障社会组织提起环保诉讼的主体资格非常重要。我们在研讨命令和控制手段的时候，提到了实施困难的问题。其中一个原因是环保部门无法形成二十四小时的监管。如果有强烈草根性质的环保组织能够以环保诉讼的形式参与监管，那就可以形成"人民战争"的态势。这改变了过去环保实施中政府和企业两元关系的局面，有助于形成立体的、多层次的实施机制。我们期待随着环保社会组织的发展，环保诉讼能在中国的环保治理中发挥越来越重要的作用。

最高法环保公益诉讼十大典型案例（2017 年公布）

一、江苏省泰州市环保联合会诉泰兴锦汇化工有限公司等水污染民事公益诉讼案

【基本案情】2012 年 1 月—2013 年 2 月，被告泰兴锦汇化工有限公司等 6 家企业将生产过程中产生的危险废物废盐酸、废硫酸总计 2.5 万余吨，以每吨 20～100 元不等的价格，交给无危险废物处理资质的相关公司偷排进泰兴市如泰运河、泰州市高港区古马干河中，导致水体严重污染。泰州市中级人民法院一审判决 6 家被告企业赔偿环境修复费用共计 1.6 亿余元，并承担鉴定评估费用 10 万元及诉讼费用。

二、中国生物多样性保护与绿色发展基金会诉宁夏瑞泰科技股份有限公司等腾格里沙漠污染系列民事公益诉讼案

【基本案情】2015 年 8 月，中国生物多样性保护与绿色发展基金会（以下简称绿发会）向中卫市中级人民法院提起诉讼称：宁夏瑞泰科技股份有限公司等 8 家企业在生产过程中违规将超标废水直接排入蒸发池，造成腾格里沙漠严重污染。中卫市中级人民法院一审认为，绿发会不能认定为《中华人民共和国环境保护法》第五十八条规定的社会组织，对绿发会的起诉裁定不予受理。绿发会不服，提起上诉。宁夏回族自治区高级人民法院审查后裁定驳回上诉，维持原裁定。绿发会不服二审裁定，向最高人民法院申请再审。最高人民法院再审裁定撤销一审、二审裁定，指令本案由中卫市中级人民法院立案受理。

三、中华环保联合会诉山东德州晶华集团振华有限公司大气污染民事公益诉讼案

【基本案情】山东德州晶华集团振华有限公司（以下简称振华公司）两个烟囱长期超标排放污染物，造成大气污染。中华环保联合会向德州市中级人民法院提起诉讼。通过司法机关与环境保护行政主管部门的联动、协调，振华公司将全部生产线关停，在远离居民生活区的天衢工业园区选址建设新厂，使案件尚未审结即取得阶段性成效。

四、重庆市绿色志愿者联合会诉湖北省恩施自治州建始磺厂坪矿业有限责任公司水库污染民事公益诉讼案

【基本案情】磺厂坪矿业有限责任公司距离集中式饮用水水源保护区千丈岩水库约 2.6 公里。2014 年 8 月 12 日，巫山县红椿乡村民反映千丈岩水库饮用水水源取水口水质出现异常，巫山县启动了重大突发环境事件应急预案。重庆市万州区人民法院一审法院判决磺厂坪矿业有限责任公司停止侵害，重新做出环评，并承担生态环境修复费用 991 000 元等。

五、中华环保联合会诉江苏省江阴长泾梁平生猪专业合作社等养殖污染民事公益诉讼案

【基本案情】梁平合作社生猪养殖项目建设未经环境影响评价、配套污染防治设施未经验收，擅自投入生产，造成邻近村庄严重污染。诉讼期间，梁平合作社停止了生猪养殖及排污侵害行为，向法院提交《环境修复报告》。无锡市中级人民法院组织双方进行了质证，并邀请专家到庭发表意见。经双方当事人同意，法院委托鉴定部门重新做出修复方案和监理方案。

六、北京市朝阳区自然之友环境研究所诉山东金岭化工股份有限公司大气污染民事公益诉讼案

【基本案情】山东金岭化工股份有限公司（以下简称金岭公司）下属热电厂持续向大气超标排放污染物，并存在环保设施未经验收即投入生产、私自篡改监测数据等环境违法行为。在案件审理期间，金岭公司纠正违法行为，全部实现达标排放，监测设备全部运行并通过了东营市环保局的验收。经法院主持调解，金岭公司自愿承担支付生态环境治理费 300 万元。

七、江苏省镇江市生态环境公益保护协会诉江苏优立光学眼镜公司固体废物污染民事公益诉讼案

【基本案情】2014 年 4—7 月期间，生产树脂眼镜镜片的江苏省丹阳市优立光学眼镜公司（以下简称优立公司）将约 5.5 吨镜片粉末类废物交给货车司机，倾倒于某拆迁空地，造成环境污染。镇江市生态环境公益保护协会以树脂玻璃质粉末为危险废物为由提起公益诉讼。镇江市中级人民法院一审经委托鉴定查明，案涉树脂玻璃质粉末废物不在《国家危险废物名录》之列，遂判令优立公司在丹阳市环保局的监督下按照一般废物依法处置涉案废物。

八、江苏省徐州市人民检察院诉徐州市鸿顺造纸有限公司水污染民事公益诉讼案

【基本案情】鸿顺造纸有限公司（以下简称鸿顺公司）多次被环保主管机关查获以私设暗管方式向连通京杭运河的苏北堤河排放生产废水，废水污染物指标均超标。徐州市中级人民法院一审判决鸿顺公司赔偿生态环境修复费用及服务功能损失共计105.82 万元。宣判后，被告不服提起上诉。江苏省高级人民法院二审判决驳回上诉，维持原判。

十、吉林省白山市人民检察院诉白山市江源区卫生和计划生育局、白山市江源区中医院环境行政附带民事公益诉讼案

【基本案情】白山市江源区中医院新建综合楼时，未建设符合环保要求的污水处理设施就投入使用，通过渗井、渗坑排放医疗污水，渗井、渗坑周边土壤存在环境风险。白山市江源区卫生和计划生育局在白山市江源区中医院未提交环评合格报告的情况下，对其《医疗机构执业许可证》校验为合格。白山市中级人民法院一审判决，白山市江源区卫生和计划生育局校验合格的行政行为违法；责令其履行监管职责，监督白山市江源区中医院在 3 个月内完成医疗污水处理设施的整改。

中国环境赔偿责任制度

一、相关法律

1978 年宪法规定："国家保护环境和自然资源，防治污染和其他公害。"这为我国环境和资源保护立法奠定了宪法基础。

1982 年宪法进一步完善了相关条例，其中，第 26 条规定："国家保护和改善生活环境和生态环境，防治污染和其他公害。国家组织和鼓励植树造林，保护林木。"

1979 年第五届全国人民代表大会常委会原则通过《中华人民共和国环境保护法（试行）》，1989 年第七届全国人大常委会通过《中华人民共和国环境保护法》，同时《中华人民共和国环境保护法（试行）》废止。2014 年第十二届全国人大常委会第八次会议表决通过环境保护法修订草案，这是我国目前实行的环境保护法，自 2015 年生效至今。

《中华人民共和国环境保护法》是我国环境保护的基本法，与其他环境与资源保护相关法律共同构建了我国环境追责制度的法律基础。环境保护的法律责任包括民事责任、行政责任和刑事责任。

环境赔偿责任属于民事责任，在 2021 年之前由《中华人民共和国环境保护法》和相关民法（《中华人民共和国民法通则》和《中华人民共和国侵权责任法》）规定。自 2021 年 1 月 1 日实施《中华人民共和国民法典》后，相关责任由《中华人民共和国民法典》规定。

行政责任由《中华人民共和国环境保护法》和相关法律法规规定，例如 2006 年由监察部和国家环境保护总局联合发布的《环境保护违法违纪行为处分暂行规定》。刑事责任则由《中华人民共和国刑法》规定，《中华人民共和国环境保护法》第 69 条规定："违反本法规定，构成犯罪的，依法追究刑事责任。"《中华人民共和国刑法》第 338 条则详细规定了污染环境罪。

二、环境赔偿责任

1. 2021 年之前

2021 年之前，主要由《中华人民共和国环境保护法》《中华人民共和国民法通则》和《中华人民共和国侵权责任法》共同规定环境赔偿责任。

《中华人民共和国民法通则》作为民法的一般法，在第 124 条规定："违反国家保护环境防止污染的规定，污染环境造成他人损害的，应当依法承担民事责任。"这为设立环境污染民事责任的具体法律法规提供了法律基础。《中华人民共和国环境保护法》第六章法律责任第 64 条规定："因污染环境和破坏生态造成损害的，应当依照《中华人民共和国侵权责任法》的有关规定承担侵权责任。"

《中华人民共和国环境保护法》第 66 条规定了环境侵权的诉讼时效制度："提起环境损害赔偿诉讼的时效期间为三年，从当事人知道或者应当知道其受到损害时起计算。"除此之外，其他有关环境赔偿责任的具体条例均在侵权责任法中规定。

2009年第十一届全国人大常委会通过了《中华人民共和国侵权责任法》。其中第4条规定："侵权人因同一行为应当承担行政责任或者刑事责任的，不影响依法承担侵权责任。因同一行为应当承担侵权责任和行政责任、刑事责任，侵权人的财产不足以支付的，先承担侵权责任。"这确定了在有关赔偿的经济责任中侵权责任优先的原则。

《中华人民共和国侵权责任法》第八章专章规定了"环境污染责任"。

第65条说明了环境侵权责任的定义："因污染环境造成损害的，污染者应当承担侵权责任。"

第66条明确了环境侵权的责任原则："因污染环境发生纠纷，污染者应当就法律规定的不承担责任或者减轻责任的情形及其行为与损害之间不存在因果关系承担举证责任。"该条规定明确指出了环境侵权责任制度实行无过错责任原则。要求污染者即使没有过错也要依法承担赔偿责任，当不能证明其行为和损害的结果不存在因果关系时，将要承担败诉的结果。

第67条和第68条分别明确了当存在多个污染者或者存在第三人过错时的规定。第67条规定："两个以上污染者污染环境，污染者承担责任的大小，根据污染物的种类、排放量等因素确定。"第68条规定："因第三人的过错污染环境造成损害的，被侵权人可以向污染者请求赔偿，也可以向第三人请求赔偿。污染者赔偿后，有权向第三人追偿。"

最高人民法院在2016年通过了《关于审理环境侵权责任纠纷案件适用法律若干问题的解释》，为环境侵权责任纠纷案件做出指导。

典型案例1（取自沈德咏，万其刚. 环境污染赔偿责任. 北京：中国民主法制出版社，2015：214.）

自2003年6月起，聂某等149户辛庄村村民因本村井水达不到饮用水的标准，而到附近村庄取水。聂某等人以平顶山天安煤业股份有限公司五矿（以下简称五矿）、平顶山天安煤业股份有限公司六矿（简称六矿）、中平能化医疗集团总医院（简称总医院）排放的污水将地下水污染，造成井水不能饮用为由提起诉讼，请求人民法院判令3被告赔偿异地取水的误工损失等共计212.4万元。

人民法院经审理认为，3被告排放生产、生活污水污染了辛庄村井水，导致聂某等149户村民无法饮用而到别处取水，对此产生的误工损失，3被告应承担民事责任，判决3被告共同承担赔偿责任。

典型案例2（取自最高法2018年度人民法院环境资源典型案例）

【基本案情】

韩国春与宝石村委会于1997年签订《承包草沟子合同书》后，取得涉案鱼塘的承包经营权，从事渔业养殖。2010 年 9 月 9 日，中国石油天然气股份有限公司吉林油田分公司（以下简称中石油吉林分公司）位于距韩国春鱼塘约一公里的大-119 号油井发生泄漏，泄漏的部分原油随洪水下泄流进韩国春的鱼塘。中石油吉林分公司于 9 月 14—19 日在污染现场进行了清理油污作业。大安市渔政渔港监督管理站委托环境监测站做出的水质监测报告表明，鱼塘石油含量严重超标，水质环境不适合渔业养殖。韩国春请求法院判令中石油吉林分公司赔偿 3 015 040.36 元经济损失，包括 2010 年养鱼损失、2011 年未养鱼损失、鱼塘围坝修复及注水排污费用。

【裁判结果】

吉林省白城市中级人民法院一审认为，本案应适用一般侵权归责原则，韩国春未能证明损害事实及因果关系的存在，故判决驳回其诉讼请求。

吉林省高级人民法院二审认为，韩国春未能证明三次注水排污事实的发生，未能证明鱼塘围坝修复费用、2011 年未养鱼损失与中石油吉林分公司污染行为之间的因果关系，故仅改判支持其 2010 年养鱼损失 1 058 796.25 元。

最高人民法院再审认为，本案系因原油泄漏使鱼塘遭受污染引发的环境污染侵权责任纠纷。韩国春举证证明了中石油吉林分公司存在污染行为，鱼塘因污染而遭受损害的事实及原油污染与损害之间具有关联性，完成了举证责任；中石油吉林分公司未能证明其排污行为与韩国春所受损害之间不存在因果关系，应承担相应的损害赔偿责任。排放污染物行为，不限于积极的投放或导入污染物质的行为，还包括伴随企业生产活动的消极污染行为。中石油吉林分公司是案涉废弃油井的所有者，无论是否因其过错导致废弃油井原油泄漏流入韩国春的鱼塘，其均应对污染行为造成的损失承担侵权损害赔偿责任。洪水系本案污染事件发生的重要媒介以及造成韩国春 2010 年养鱼损失的重要原因，可以作为中石油吉林分公司减轻责任的考虑因素。综合本案情况，改判中石油吉林分公司赔偿韩国春经济损失 1 678 391.25 元。

典型案例 3（取自最高法 2019 年度人民法院环境资源典型案例）

【基本案情】

2007 年 10 月，连州市连州镇龙咀村民委员会湟白水村民小组（以下简称湟白水村民小组）等与连南瑶族自治县市政局（以下简称连南市政局）签订《租赁荒地协议书》约定，连南市政局租赁湟白水村民小组的荒地建造垃圾处理场，如因垃圾填埋场造成污染，湟白水村民小组有权要求连南市政局做好环保工作，待处理好方可继续进行工作。此后，连南市政局运送大量垃圾至上述垃圾填埋场直接倾倒，导致所涉地块土壤和地下水资源污染。湟白水村民小组诉至法院，请求解除《租赁荒地协议书》，消除污染，恢复原状，赔偿损失 17.21 万元。一审审理中，湟白水村民小组提交村民小组会议决议，提出由连南市政局一次性赔偿 8 万元了结此事。

【裁判结果】

广东省连州市人民法院一审认为，连南市政局租用湟白水村民小组土地后，将大量垃圾直接倾倒到案涉垃圾填埋场，构成环境侵权。鉴于案涉垃圾填埋场对湟白水村民小组的土地、饮用水等造成的污染损害结果将会在相当长的时期内存在，结合连南市政局已投入整治、湟白水村民小组铺设水管管道入户、解决食用饮水，及湟白水村民小组诉讼中自愿要求连南市政局一次性赔偿8万元了结此事等情况，一审判决连南市政局赔偿8万元给湟白水村民小组。广东省清远市中级人民法院二审维持原判。

2. 2021年1月1日之后

2020年5月28日，第十三届全国人大三次会议通过了《中华人民共和国民法典》，自2021年1月1日起施行。同时废止了《中华人民共和国民法通则》和《中华人民共和国侵权责任法》，相关条款则由新的《中华人民共和国民法典》规定。

《中华人民共和国民法典》第七编侵权责任第七章环境污染和生态破坏责任专章规定了环境侵权责任机制。

除了对《中华人民共和国侵权责任法》相关条款进行一定修改以外，《中华人民共和国民法典》还增加了三个条款。

第一千二百三十二条　侵权人违反法律规定故意污染环境、破坏生态造成严重后果的，被侵权人有权请求相应的惩罚性赔偿。

第一千二百三十四条　违反国家规定造成生态环境损害，生态环境能够修复的，国家规定的机关或者法律规定的组织有权请求侵权人在合理期限内承担修复责任。侵权人在期限内未修复的，国家规定的机关或者法律规定的组织可以自行或者委托他人进行修复，所需费用由侵权人负担。

第一千二百三十五条　违反国家规定造成生态环境损害的，国家规定的机关或者法律规定的组织有权请求侵权人赔偿下列损失和费用：

（一）生态环境受到损害至修复完成期间服务功能丧失导致的损失；

（二）生态环境功能永久性损害造成的损失；

（三）生态环境损害调查、鉴定评估等费用；

（四）清除污染、修复生态环境费用；

（五）防止损害的发生和扩大所支出的合理费用。

新的条款明确了侵权人赔偿的范围。允许相关部门和组织在期限外自行修复环境，费用由侵权人承担。这种临时处置权强调了相关法律对于环境修复迫切性的回应，避免了由于侵权人拖延造成的生态环境进一步损害。同时，允许被侵权人请求惩罚性赔偿。这些条款加大了对环境侵权的执法力度，完善了我国环境侵权赔偿责任制度，有助于我国社会的绿色发展。

◀ **本章思考题** ▶

1. 认真地总结本章的内容，绘制本章内容思维导图。

2. 研读拓展阅读中 Beard（1990）和 Kolstad（1990）这两篇文献，指出他们在哪些方面，如何拓展了我们本章中的简单模型。

3. 审视美国 CERCLA 法律在环境债务责任规则方面做出的改变，讨论这些改革试图解决的主要问题是什么，同时讨论这些规则改变与褐地困境之间的内在关系。

4. 2015 年底至 2016 年 4 月，常州外国语学校前后数百名学生体检查出皮炎、湿疹、支气管炎、血液指标异常、白细胞减少等症状。这就是轰动一时的常州毒地事件。经调查，污染源来自学校北侧的一片工地。该地块为江苏常隆化工有限公司、常州市常宇化工有限公司、江苏华达化工集团有限公司等三家化工企业的原址。三家化工企业在生产经营中，严重污染了 26 万平方米土地及周边环境，企业未做修复即相继搬迁。此后，常州市政府在雇用专业机构对污染场地进行修复过程中，导致污染物扩散。

中国环保组织自然之友和中国生物多样性保护与绿色发展基金会向常州市中级人民法院提起法律诉讼。2017 年 1 月 25 日，一审宣判。常州市中级人民法院驳回原告诉讼请求，判令两原告共同负担 189 万余元的案件受理费。

两原告不服，提请上诉。2018 年 12 月 19 日，此案在江苏省高级人民法院二审开庭审理。江苏省高级人民法院撤销了常州市中级人民法院此前的判决。江苏省高级人民法院认为此案是工业场地污染引发的环境污染民事公益诉讼案件。案涉地块虽然过去存在其他污染责任单位，但三家涉案企业在该地块进行化工生产数十年。根据相关调查、评估，三家涉案企业的各自原厂区内土壤和地下水超标污染物种类，以及重点污染物的区域、点位、种类、浓度和生物毒性的区域、级别等与三家涉案企业在案涉地块厂区内生产区域、仓储区域、办公区域基本对应，可以印证案涉场地污染主要系三家企业从事农药、化工生产所致。因此，被上诉人应当就其生产经营行为对案涉场地造成的环境污染承担相应的侵权责任。

中国长期作为世界工厂，其土壤污染的处理在未来是一个严峻的挑战。根据国家环境保护部和国土资源部在 2014 年 4 月 17 日联合发布的《全国土壤污染状况调查公报》，全国土壤环境状况总体不容乐观，部分地区土壤污染较严重，耕地土壤环境质量堪忧，工矿业废弃地土壤环境问题突出。工矿业、农业等人为活动以及土壤环境背景值高是造成土壤污染或超标的主要原因。

结合本章的学习，讨论如何处理我国未来因为土壤污染产生的民事侵权责任；如何通过构建政策体系，防止未来土壤污染的风险、保证充足的土壤污染治理资金的投入，并鼓励负责任的污染地块的开发利用。

第7章
环境保险

在第 6 章中，我们讨论了环境债务责任制度，在谈到泉州碳九泄漏事件时，我们从负外部性的角度去理解这类环境事故，得出的解决方案是借助法律的手段，努力把这种外部性内生化。在这一章中，我们从另外一个经济学视角来考察这类环境问题。类似于碳九泄漏的环境问题很多。例如，2010 年 4 月在墨西哥湾，BP 石油公司造成的墨西哥湾原油泄漏事件；2010 年 7 月的大连输油管道爆炸事故；2015 年福建漳州 PX 工厂的爆炸事故；2019 年 3 月发生在江苏响水生态工业园区的化工厂爆炸事故；等等。

这些环境事件有两个显著的特征。首先，这类事件的发生不是常态。也就是说，它不是经常发生的，它的发生有一个概率，一般来说这个概率很小。其次，一旦事故发生，我们可以预计到会有后果，既表现为生命财产的损失，也表现为给第三方造成的环境和健康的损害。一般来说，这些损失在量上很大。认识到这两个特征，我们很容易把这类环境问题归为我们常见的一个经济学问题，那就是风险问题：事故的发生有一定的概率；事故发生后会造成损失。顺着这个思路自然可以推导出解决方案，那就是保险。保险是我们最为常见的风险管理市场工具。既然驾驶汽车的风险能够借助汽车保险来管理，生病的风险能够借助医疗保险来管理，那么为什么不能用环境保险来处理环境风险呢？

在本章中，我们试图回答两个主要的问题。第一，相比较于其他解决环境风险的手段，环境保险有什么优点？第二，为什么在实践中，环境保险不常见？我们有很多耳熟能详的保险种类：医疗保险、汽车保险、人寿保险等等。但环境保险，或者环境污染责任险，听说过的人少之又少。学习过本章之后，你会发现，环境保险市场在供需两侧都存在问题：在自由市场中，在供给侧，保险公司提供环境保险的意愿不足；在需求侧，企业购买环境保险的意愿也不足。这样，一个自然的问题是，既然环境保险有很多优点，但又在自然状态下无法维系，那么我们需要什么样的政策工具来创立并维护一个健康的环境保险市场呢？因为作者曾在地下储油罐保险方面做过深入的研究，本章的讨论主要以地下储油罐保险为案例展开。但讨论得出的理论延展是一般性的，适用于所有环境风险。作者在环境保险领域发表的论文，在书末的拓展阅读中可以找到。

第 1 节　处理地下储油罐泄漏风险的政策困局

大部分地下储油罐安装在加油站或者工业生产场所。这些地下储油罐如果使用时间较长，在二十年或三十年之后，会发生泄漏。一旦储油罐发生泄漏，其中的石油制品，比如汽油、柴油或者废油等就会渗入泥土，污染土壤，污染物还会随着地下水流动，进入饮用水源。美国的汽车工业发展得很早，在 20 世纪 80 年代初，地下储油罐泄漏成为一个很常见的环境问题。美国半数以上的人口依赖地下水作为饮用水源，对美国人来说，地下水遭到污染是个非常严重的问题。因此，美国国家环境保护局设立了一个地下储油罐办公室，并在 1987 年通过专门的立法，处理地下储油罐泄漏带来的环境和社会问题。

政府有两个政策目标：第一是降低地下储油罐泄漏的概率，因为这是个不好的风险、是人们不喜欢的，泄漏率当然是越低越好；第二是一旦泄漏发生了，必须要有人支付清理费用，并支付给遭受损害的第三方适当的赔偿。前面几章已经提供了一些政策工具，可以用来处理这两个问题。首先，我们可以用技术规制的手段来达成第一个政策目标，比如要求企业升级或者替换所有的地下储油罐，使用双壁的储油罐和用新型材料制作的储油罐，泄漏的概率会大幅降低。也可以通过管理规制的手段，要求企业监测和及时发现泄漏，并要求企业在设备管理上更加勤勉。其次，对于第二个政策目标，我们上一章讨论过的环境债务责任制度是个恰当的思路。

我们来看这些措施是否帮助美国实现了这两个政策目标。首先是基于技术和管理的规制。美国政府确实进行了技术规制。它在 1987 年的立法中，规定 1988 年 12 月 22 日以后安装的地下储油罐必须满足正确安装、泄漏监测、防溢出、防过度灌装和防腐的要求；1988 年 12 月 22 日前安装的储油罐必须在 1993 年底满足泄漏监测的有关要求，并在 1998 年 12 月之前，通过升级，具有防溢出、防过度灌装和防腐方面的保护功能。类似的技术规制条款还有很多。

但是政策的实施并不是十分有效，因为正如我们之前在讨论命令与控制手段中提到过的那样，存在实施困难的问题。根据美国审计总署 2000 年的调查，只有 19 个州至少每三年对其辖区内所有的地下储油罐进行一次实地检查——这个监察频率是美国国家环境保护局认为要实现有效的政策实施所必需的最低限度。另外 31 个州坦承做不到这一点。来自北卡罗来纳州的受访官员在问卷中写道："重要的是，要有足够的检查员，至少每三年，实地拜访每一位地下储油罐的所有者或运营者一次，提供一对一的帮助。这无可替代！所有者和运营者需要知道，政府将会回来检查他们的表现如何。实地督查是必要的！！"地下储油罐的所有者或运营者如果知道，政府并不会来查看他们是否遵守了技术规制相关规定，也不会因此惩罚他们的话，他们就没有动机实施这些规定，因此这些规定只能停留在纸面上，而不能有效地降低地下储油罐的泄漏风险。

值得指出的是，技术规制实施的困难在美国是非常普遍的现象。例如，受监管资源的制约，美国职业安全与健康委员会在实施其工艺安全管理（Process Safety Management，PSM）项目时，只是着重关注那些众所周知的有严重车间隐患的企业。而对于其他普通企业而言，被检查到的概率不到 1/80。如此低的概率使得一些公司视 PSM 的规定为无物。换言之，由于监察能力有限且罚款相对较低，普通企业并不会产生多少经济激励去服从美国职业安全与健康委员会的 PSM 要求或是一些其他在工艺上的规定。美国国家环境保护局在实施风险管理计划时也面临着同样的问题：一方面，企业被检查到的概率太低；另一方面，潜在的罚款不高。根据《空气清洁法》中的一般责任条款规定，相关部门可以对违反规定的企业予以每天 2.75 万美元的罚款。但是，据美国国家环境保护局的工作人员表示，由于监督不力，很多违规企业未被罚款。例如，在美国国家环境保护局的 3 号管辖区域内，仅有的 5 名审计员需要对范围内所有的工厂进行监查，监管资源不足导致很多违规企业未被罚款。[①] 类似地，Boyd（2002）曾在谈论垃圾问题时指出，政府

① Kunreuther，H.，McNulty，P.，Kang，Y. Improving Environmental Safety Through Third Party Inspections. *Risk Analysis*，2002，22（2）：309-318.

对企业风险管理提出要求的做法，因为存在实施困难的问题，并不能保证风险一定会降低。尽管对企业风险管理的要求早在 1970 年就已经出现，但一份 1988 年美国国家环境保护局的报告显示，当年只有 36％的垃圾填埋场对其地下水进行了监测，7％进行了甲烷监测，15％对地表水进行了控制。①

其次，我们来看第二个政策目标和它的解决方案——环境债务责任制度。我们讨论过环境债务责任制度面临的两个挑战。在这个例子中，小企业问题特别突出。美国审计总署 1988 年的一份报告显示，90％的地下储油罐的所有者只拥有一家加油站，资产净值不足 9 万美元。② 在 19 世纪七八十年代，美国的加油站往往是家庭作坊式的，没有很多资产，规模很小。而据美国国家环境保护局的估计，清理受储油罐泄漏污染的地下水的费用一般在 7.5 万～22.5 万美元之间，在某些情况下可能更高。这意味着一旦发生泄漏，为了清理泄漏所需要的花费，可以轻易地使这些储油罐所有者破产。一旦这些储油罐所有者破产，他们最多能拿出来的就只是他们的资产。他们拿不出多少钱赔偿。因此，环境债务责任制度并不能够帮助政府有效地达成第二个政策目标。

政府很清楚环境债务责任制度可能面临的挑战，所以在 1987 年的立法中特别规定了一个条款：财务责任要求（Financial Responsibility Requirement）。根据这个条款，地下储油罐的所有者组织经营活动的一个前提条件是，必须向政府出示财产证明，证明有财力在泄漏事故发生之后，能够完成环境清理和第三方的赔付。可以用来证明财产责任的方法很多，例如银行授信、保证金和担保债券。但是最为常见的两个方法是：政府公共基金和商业保险。我们下面来看政府公共基金和商业保险在处理风险中各自的优势和劣势。

第 2 节　政府公共基金

政府公共基金是政府处理风险，尤其是那些社会属性比较强的风险的一种常见的手段。例如从 2014 年开始，江苏省在徐州和盐城试点医疗风险互助金制度，医疗机构自愿加入医疗风险互助金体系，按年缴纳的医疗风险互助金用于医患纠纷的快速赔付；还有在安全生产领域，我国长期实行安全生产风险抵押金制度，本质上也是一种用政府公共基金处理风险的方式。在美国

---

① Boyd, J. "Green Money" in the Bank: Firm Responses to Environmental Financial Responsibility Rules. *Managerial and Decision Economics*，2002，18 (6)：491-506.

② Yin, H. The Environmental and Economic Impacts of Environmental Regulations: The Case of Underground Storage Tank Regulations. Philadelphia: University of Pennsylvania，2006.

也是这样，例如退休金收益保障项目（Pension Benefit Guarantee Program）和存款储蓄保障制度（Deposit Insurance Program），还有下面我们详细研究的地下储油罐州保障基金，都属于政府公共基金。

使用政府公共基金的方法处理这些风险问题，主要是因为这些风险有很强的社会属性。例如，出现了医疗责任事故之后，政府总是盼望能尽快厘清责任、做出赔付，防止其演变成影响比较大的医疗纠纷；地下储油罐泄漏之后，政府也总是希望能尽快出资处理泄漏造成的环境风险，以免更多的居民受到损失，以及更大范围的环境受到破坏。

财务责任要求担保制度出台后，地下储油罐的所有者和运营者反应强烈，他们大多经营规模较小，声称无力支付保险费用和通过金融机构取得其他的保障。在他们的政治压力下，美国大部分州政府都成立了地下储油罐州保障基金（State Guarantee Fund）。表 7 - 1 总结了美国各个州的地下储油罐州保障基金的运营情况。

表 7 - 1　作为财务责任要求担保机制的地下储油罐州保障基金项目的运行情况

类别	州
没有设立作为财务责任要求担保机制的地下储油罐州保障基金	阿拉斯加、马里兰、纽约、特拉华、夏威夷、俄勒冈
设立了作为财务责任要求担保机制的地下储油罐州保障基金	亚拉巴马、阿肯色、加利福尼亚、科罗拉多、康涅狄格、佐治亚、爱达荷、伊利诺伊、印第安纳、堪萨斯、肯塔基、路易斯安那、马萨诸塞、缅因、明尼苏达、密苏里、密西西比、蒙大拿、内华达、北卡罗来纳、北达科他、内布拉斯加、新罕布什尔、新墨西哥、俄亥俄、俄克拉何马、宾夕法尼亚、罗得岛、南卡罗来纳、南达科他、田纳西、犹他、弗吉尼亚、佛蒙特、华盛顿、怀俄明
从地下储油罐州保障基金转向商业保险市场（括号中是政策变化的日期）	亚利桑那（2006 - 06 - 30）、艾奥瓦（2000 - 11 - 08）、密歇根（1995 - 06 - 30）、佛罗里达（1999 - 01 - 01）、得克萨斯（1998 - 12 - 23）、威斯康星（1996 - 01 - 01）、西弗吉尼亚（2000 - 09 - 30）
从商业保险市场转向地下储油罐州保障基金	新泽西（1997 - 08 - 31）

资料来源：美国州和印第安领地固体废物管理官员联合会（ASTSWMO）；1999—2007 年美国地下储油罐州保障基金调查报告（State UST Financial Assurance Funds Survey 1999—2007）。

政府公共基金有一些共同的特点。首先，强调公平。对于政府来说，平等或者公平比其他更重要。在大多数州，不管地下储油罐的质量如何，每个地下储油罐的所有者只要为每个储油罐支付 100 美元，便能获得保障。其次，政府公共基金中相当的一部分资金是由税收补贴的。在大多数州，地下储油罐州保障基金相当的一部分资金来源于汽油附加税。换句话说，州政府的基金是由所有开汽车的人补贴的。

这两个特点使得地下储油罐州保障基金的运行面临很严重的道德风险问题：地下储油罐的所有者在风险管控方面缺乏主动性。首先，这些基金项目的主要收入来源是向汽油购买者征收的部分消费税。由于受到税收的补贴，储油罐所有者为风险支付的价格远远低于风险形成的预期成本。其次，所有想参与州保障基金的地下储油罐所有者或者运营者，只需要先向政府注册，然后再缴纳一笔特定的费用（100 美元/罐），就可以得到保障。这笔费用与地下储油罐的质量无关，也就是说，地下储油罐所有者或者运营者获得保障的成本和他们的风险完全脱钩。一旦事故发生，州保障基金会帮助责任方支付全部的损失。在我们的访谈过程中，有负责地下储油罐管制的联邦政府官员表示，在地下储油罐所有者或者运营者存在明显过错的情况下，州保障基金通常也会进行赔付。这主要是因为，首先，从公共利益的角度出发，必须尽快控制污染的扩散，为此必须保证治理资金很快到位；其次，从基金的运营上看，其公共性使得人们认为获得基金的帮助是地下储油罐所有者或者运营者的政治权利。这更助长了道德风险的问题，地下储油罐所有者和运营者完全没有激励去改善自己地下储油罐的质量，以降低泄漏风险。根据 Yin、Pfaff 和 Kunreuther（2011），在联邦政府颁布地下储油罐规制 20 年之后，美国每年仍然有超过一万个地下储油罐泄漏事故。[①]

风险高企的一个后果是，政府不得不承担沉重的财政负担。根据美国国家环境保护局的数据，美国联邦政府每年用于治理地下储油罐污染的费用高达 7 900 万美元，州政府更是高达 10 亿美元（Yin，Pfaff and Kunreuther，2011）。根据美国州和印第安领地固体废物管理官员联合会（Association of State and Territorial Solid Waste Management Officials，ASTSWMO）的调查，美国在 2007 年共有八个州的地下储油罐州保障基金出现赤字，债务总额高达 20 亿美元。这种情况下，保障环境事故之后的救济资金 —— 环境风险管理的第二个目标——也岌岌可危。下面我们看看在此领域中商业保险项目的运营情况。

第 3 节 商业保险

商业保险与政府公共基金有哪些不同呢？第一，商业保险行业不可能有税收的补贴，各保险公司需要自己来维持经营，并且还要盈利。第二，更为

---

① Yin, H., Pfaff, A., Kunreuther H. Can Environmental Insurance Succeed Where Other Strategies Fail? The Case of Underground Storage Tanks. *Risk Analysis*，2011，31（1）：12 - 24.

重要的是，在商业保险市场上，风险定价是自然的做法。

与地下储油罐州保障基金相比，地下储油罐商业保险项目的最大特点在于：商业保险公司会基于当前的地下储油罐泄漏风险来制定保费。表 7-2 总结了苏黎世保险公司在 2004 年使用的保费设定指南。表 7-2 中的 A 显示，使用年限在 5 年以下的双壁地下储油罐，每年的保费只有 200 美元左右，但使用年限在 35 年以上的单壁地下储油罐，每年的保费高达 1 850 美元。能够看到，保费与储油罐质量相关。质量越高，保费越低；质量越低，保费越高。从表 7-2 的 B 能够看到，如果投保方的地下储油罐缺乏必要的风险管控设备，例如没有安装防腐蚀的装置，保费会上浮 10%；如果没有安装泄漏探测装置，保费也会上浮 10%。从表 7-2 中的 C 还能够看到，保费与过去是否发生过泄漏事故有关。当前的泄漏事故会导致未来保费上浮 10%～20%。所有这些都说明，商业保险项目的保费是与风险密切挂钩的，也正是由于这种风险决定的浮动定价机制的存在，地下储油罐的所有者和运营者会主动降低地下储油罐的泄漏概率和危害程度，因为他们在风险管控方面的努力会直接影响到他们要支付的保险费用。

表 7-2　苏黎世保险公司 2004 年使用的地下储油罐保费设定指南

A. 根据储油罐的种类和使用年限进行定价（单位：美元）							
	0～5 年	6～10 年	11～15 年	16～20 年	21～25 年	26～30 年	31～35 年	>35 年
单壁	284～339	350～470	500～700	760～1 030	1 100～1 380	1 450～1 690	1 750	1 850
双壁	185～221	228～302	320～356	265～426	441～509	441～509	526～582	620

B. 根据储油罐的风险管控技术进行定价			
	有	无	不知道
泄漏探测	0	+10%	+10%
溢出探测	0	+10%	+10%
腐蚀性探测	0	+10%	+10%

C. 根据过去的泄漏情况进行定价			
	有，处理完毕	无，正在处理	无
是否在之前发生过泄漏	+10%	+20%	0

资料来源：密歇根州金融和保险服务办公室（Michigan Office of Financial and Insurance Services）。
说明：保险政策是：100 万美元赔付额；5 000 美元免赔额。

除了风险定价机制产生的激励，商业保险公司因为承担着赔付的责任，通常会有动机帮助地下储油罐所有者和运营者管控风险。据《美国汽油报》报道，1998 年 AIG 保险公司和 Tanknology-NDE 公司携手制订了一项计划。AIG 保险公司将给予那些采用 Tanknology-NDE 公司服务的地下储油罐所有者和运营者更大的保费折扣，因为保险公司相信，这些服务会帮助地下储油罐所有者和运营者更好地管控风险。①

　　总之，地下储油罐商业保险市场和州保障基金最大的区别在于定价策略不同，前者是一种基于风险本身的浮动定价策略，后者则是完全与风险不相关的固定定价策略。由于在前一种策略下，地下储油罐所有者或者运营者降低风险的努力会通过保费折扣的形式得到认可和奖励，所以我们可以提出如下假设：与州保障基金计划相比，商业保险市场可给予储油罐所有者或者运营者更大的激励去降低风险。Yin、Kunreuther 和 White（2011）的研究②为这一理论预测提供了强有力的实证支持。他们的研究详细观察了密歇根州和伊利诺伊州的政策变化和地下储油罐泄漏事故的内在关系。

　　图 7-1 描绘了密歇根州和伊利诺伊州的政策在时间上的演变过程。它们都在 1989 年建立起地下储油罐州保障基金。在经历了 5 年的发展后，两个州在 1994 年均出现了非常严重的财务状况。联邦政府向这两个州发出最后通牒，表示如果它们的财务状况没有改善，这两个州的地下储油罐州保障基金将不能被地下储油罐所有者或者运营者用来满足联邦政府的财务责任要求。在这种情况下，两个州做出了截然不同的政策选择。伊利诺伊州在 1996 年 1 月通过立法的形式提高汽油税，扩大已有的州保障基金的规模；密歇根州则在 1995 宣布取消州保障基金，从而密歇根州的大部分地下储油罐所有者不得不转向商业保险市场，通过购买保险来满足联邦政府的财务责任要求。

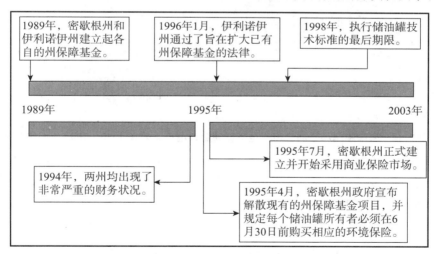

图 7-1　密歇根州和伊利诺伊州政策演变图

　　① National Petroleum News. AIG Environmental Offers Reductions for Tanknology Customers. *National Petroleum News*，1998，90（12）：9.
　　② Yin, H.，Kunreuther, H.，White, M. Risk-based Pricing and Risk-reducing Effort：Does the Private Insurance Market Reduce Environmental Accidents?. *Journal of Law and Economics*，2011，54（2）：325-363.

Yin、Kunreuther 和 White（2011）的主要发现如图 7 - 2 所示。1995 年是密歇根州从州保障基金转向商业保险市场的年份，在政策变化之前，密歇根州地下储油罐泄漏事故的发生概率要高于伊利诺伊州，但是在政策变化之后，密歇根州和伊利诺伊州地下储油罐泄漏事故发生率的差别显著缩小，在很多年份，密歇根州的泄漏事故发生率甚至低于伊利诺伊州。他们的分析表明，密歇根州的政策变化使地下储油罐的泄漏事故发生率降低了大约 20%。这相当于，密歇根州在政策变化后的 8 年时间中，共避免了大约 3 000 个泄漏事故，从而节省了 4 亿美元左右的污染治理费用。他们还更深入地考察了政策变化后，商业保险市场的运行引发了哪些企业行为上的改变，从而导致了泄漏事故发生率的下降。他们发现有两个主要的变化。首先，地下储油罐的所有者和运营者付出更多的努力来更新地下储油罐并强化日常的维护工作。其次，地下储油罐的所有者和运营者有选择地替换了那些高风险的地下储油罐。这两个企业行为变化各自能够解释地下储油罐泄漏事故发生率降低的百分之五十。

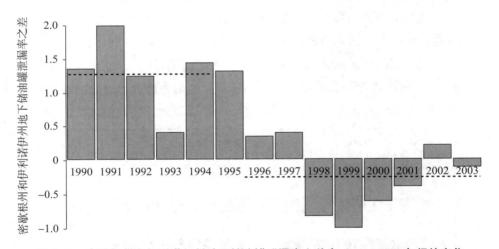

图 7 - 2　密歇根州和伊利诺伊州地下储油罐泄漏率之差在 1990—2003 年间的变化

资料来源：Yin, H. , Kunreuther, H. , White, M. Risk-based Pricing and Risk-reducing Effort: Does the Private Insurance Market Reduce Environmental Accidents?. *Journal of Law and Economics*, 2011, 54 (2): 325 - 363.

说明：虚线表示平均值。1995 年之前为 1.28；1995 年之后为 −0.25。

因此，从州保障基金向商业保险市场的政策转变，通过鼓励地下储油罐所有者和运营者主动采取措施，控制泄漏风险，导致了地下储油罐泄漏事故发生率的下降，从而给密歇根州带来了巨大的经济效益和环境效益。这是运用商业保险市场的第一个优势。商业保险市场有这样的优势，主要是因为其严格根据风险确定保费的运营机制。

而政府公共基金很难根据风险确定保费，这一点在美国很多政府公共基金项目的运营中都得到了印证。例如，美国的联邦存款保险公司是美国政府根据《格拉斯-斯蒂格尔法案》于 1934 年成立的。其由国会授权，行使三大职能：存款保险、银行监管和倒闭存款机构处置。从成立之初到 1993 年，联邦存款保险公司一直实行统一费率，即根据银行存款规模征收存款保险费，而不考虑银行承担的风险。统一费率无法对银行的风险经营活动进行约束，形成了较严重的道德风险。例如，Wheelock 和 Wilson（1995）[①]发现参与堪萨斯存款保险体系的银行，破产的概率要比没有参与该体系的银行高。为了解决这一问题，美国国会 1991 年通过了《联邦存款保险公司改进法案》。该法案要求联邦存款保险公司必须发展并执行风险定价体系，也就是说，每个银行所缴纳的保费必须反映其给存款保险基金所构成的风险。

政府公共基金通常很难根据风险确定保费，这一方面是因为其缺乏专业技能；另一方面是由于受到很多政治因素的掣肘。但是根据风险确定保费，却是商业保险公司最自然的运营模式。这使得商业保险有了能够鼓励投保者主动控制风险的优势。除此之外，使用商业保险还有其他的一些重要优势。包括：

（1）能够为污染治理提供足够的资金。购买保险之后，地下储油罐泄漏的赔付责任从所有者和运营者转移到保险公司身上。保险公司通常有足够的资金，能够保证赔付的顺利完成，使有关的污染得到及时的治理。在使用州保障基金的情况下，并不总是能达到这一目标。美国州和印第安领地固体废物管理官员联合会在 2007 年开展的一项关于州保障基金的调研显示，美国当年有八个州的州保障基金项目入不敷出，等待偿付的债务达到 20 亿美元。在州保障基金运营存在严重困难的情况下，其不能保证污染治理资金快速到位，从而把环境伤害控制在最低的水平。使用商业保险市场就不存在资金短缺不能到位的情形，即使赔付金额很大，保险公司也能通过再保险或者风险债券的形式有效地分散风险。这使得商业保险能够为及时控制和治理污染提供财务保障；同时政府也不用再承担偿付责任，这会减轻政府的财政负担。如在墨西哥湾原油泄漏这样的环境事故中，保险公司承担了十几亿美元的赔偿。[②]

（2）能够帮助政府实施技术规制。我们前面提到，政府因为没有足够的人力和财力，无法保证推行的技术规制能够得到有效的实施。使用商业保险能够解决这一问题。因为商业保险公司在出售保单的时候，通常会查看地下储油罐的所有者或者运营者是否达到了政府所要求的技术规制。如果其存在违背政府规制的倾向，商业保险公司通常不会出售保单。保险公司在各地有很多的代理，这些代理能够成为政府规制实施的触角。这样，政府实施技术

① Wheelock，D. C.，Wilson，P. W. Explaining Bank Failures：Deposit Insurance，Regulation，and Efficiency. *Review of Economics and Statistics*，1995，77（4）：689 - 700.

② 李志刚. 墨西哥湾漏油事故各方赔偿责任划分分析及启示. 国际石油经济，2010（8）.

规制的任务就变得简单了，只需要求地下储油罐所有者或者运营者出示保单，即只要他们能够买到保险，就视为其满足了政府的规制要求。

（3）给企业责任方提供经济保障，以防止其因无力支付巨额清理成本而宣布破产。州保障基金在正常运营的状态下，能够帮助企业渡过治理污染的难关。但在州保障基金出现赤字的情况下，企业无法得到足够的经济保护。使用商业保险市场则不存在这种问题。企业每年支付保费，在出现事故之后，保险公司的偿付会使其商业活动所遭受的冲击最小化。

第4节　商业保险市场形成的必要条件

既然商业保险在责任风险管理方面有这么多的优势，那么为何在很多责任风险的管理中，无法形成有效的商业保险市场呢？Freeman 和 Kunreuther（1997）提出了商业保险市场形成的两个可保险性条件和一个市场化条件。[①]

Freeman 和 Kunreuther（1997）指出的第一个可保险性条件是，保险公司需要有能力去确定并量化风险。只有清楚地评估事故发生时造成的损失和各个不同量级的损失出现的概率，保险公司才能确定合适的保费。Kunreuther 等（1995）的研究表明，当保险公司不能准确评估事故造成的损失和发生的概率的情况下，它们往往会收取非常高的保费，这使得商业保险市场的形成变得非常困难。[②] 地下储油罐保险市场的发展为此提供了很好的注释。美国 1987 年颁布新的地下储油罐管制法规之后，地下储油罐所有者和运营者普遍抱怨买不到污染责任险。根据美国审计总署 1987 年的调研，有的公司报告说它联系了 44 家保险公司，仍然买不到所需的污染责任险，即使有保险公司提供保险，保费也非常高昂；有的公司报告说，1986—1987 年，保费从 3 000 美元涨到了 10 000 美元，但赔付额却从 400 万美元下降到了 200 万美元。有的保险公司感到无法准确估算地下储油罐泄漏的概率和可能造成的损失；有的保险公司认为新法规颁布后，它们所承担的污染治理责任变得更不确定。美国的地下储油罐保险市场通过数年的发展才逐渐成熟。这期间，政府新法规所带来的不确定性逐渐通过政策实践得到厘清；政府也累积了大量的数据，能够帮助保险公司准确地估算风险。Yin、Pfaff 和 Kunreuther（2011）详细描述了地下储油罐商业保险市场成熟的历程。

---

① Freeman，P.，Kunreuther，H. *Managing Environmental Risk Through Insurance*. Massachusetts：Kluwer Academic Publishers，1997.

② Kunreuther，H.，Hogarth，R.，Meszaros，J.，et al. Ambiguity and Underwriter Decision Processes. *Journal of Economic Behavior and Organization*，1995，26（3）：337－352.

　　Kunreuther 和 Freeman（1997）指出的第二个可保性条件是，对于每个或每一类顾客，保险公司都需要有能力区别性地设定一个特定的保费。这就要求保险公司能掌握足够的信息，判断不同顾客在事故发生概率上的相对差距，从而将客户群体区分开来，也就是说，保险公司有能力控制逆向选择的问题；同时，保险公司也能够有效控制投保人因为拥有保险而趋向于冒险的倾向，也就是说，保险公司有能力控制道德风险的问题。

　　当保险公司不能控制逆向选择的时候，保险公司无法在其潜在的客户中，把高风险客户和低风险客户区分开来，这样保险公司只能根据其平均概率水平设定一个适中的保费，在这种情况下，风险低的顾客因为价格过高，就不会购买保险。而当保险公司发现购买保险的都是高风险客户时，又会进一步抬高保费。依此类推，低风险顾客会被逐步驱逐出市场。当保险公司不能控制道德风险时，受保人在购买保险后，行事方式会变得更加大胆或者粗心，这样，事故发生的概率就会增大。保险公司通常会采取提高保费、设定免赔额、限定最高赔付额、联合支付等方式来控制道德风险的问题。

　　与可保险性条件相比，市场化条件更为根本。任何对于可保险性问题的探讨都是建立在市场化条件满足的基础之上的。市场化条件的核心思想是，对责任保险的需求必须足够大，市场才能形成。这是因为，任何保险产品的开发都需要支付相当的固定成本，这些固定成本包括：为准确估算风险而建立数据库的成本，在给保费定价过程中产生的相关成本，险种研究和机制设计的成本，市场营销的成本，等等。保险公司必须在其投保者中分摊这些固定成本。如果市场规模不够大，每个客户所分摊到的固定成本会很大，这样保费就会很高，从而影响商业保险市场的形成。市场化条件不具备，也就是需求严重不足，是很多责任保险市场难以形成的关键。那么，为什么需求会严重不足呢？我们在下一节详细讨论这一问题。

第 5 节　环境保险需求不足的问题

　　我们观察到的一个现象是，很多环境责任保险都无法形成有效的市场需求。那么，为什么环境保险的市场需求很低呢？我们从风险的两个要素——概率和损失的角度来分析。我们前面提到，环境风险的特点是，发生概率很小，但一旦发生，造成的损失可能会很大。我的主要观点是，当责任风险发生的概率很小，而且事故一旦发生所造成的损失很大的时候，市场需求往往无法自然形成。在这种情况下，政府应当推行强制性保险。

　　首先是小概率。关于很小的概率，学术界有两个共识。一是在小概率的区间，人们的风险偏好会发生根本的改变。在通常的情况下，人们是厌恶风险的，但是在小概率区间，人们会变得喜好风险。我们知道，风险厌恶是人们购买保险的原因所在，当人们变得喜好风险时，他们自然不会去主动购买保险。小概率事件通常会使人们产生主观上的侥幸心理，这进一步巩固了他们成为风险偏好者的趋势。Kunreuther、Sanderson 和 Vetschera（1985）的研究表明，许多潜在投保人有一个主观的风险门槛。对低于风险门槛的小概率事件，他们通常采取忽视的态度，根本不会考虑去购买保险。因为他们认为依靠自己对该风险形成正确认识的成本过高。[①]

二是消费者很难区分小概率事件。例如，发生概率为千分之一的事件和发生概率为万分之一的事件，发生的可能性相差十倍，但是在普通消费者的眼中，它们并不存在显著的区别。在这种情况下，消费者很难准确评估购买保险的成本是否合理。当潜在投保人缺乏处理小概率事件相关数据的能力时，他们往往采取忽视的态度。有研究表明，"我不会那么倒霉，碰上这样的小概率的事情"是一种非常流行的想法（Kunreuther and Pauly，2004）。[②] 在这种情况下，消费者对自然灾害保险的支付意愿就会降至零，导致保险需求不足。

其次是关于损失。当损失超过潜在投保人的资产总额的情况下，投保人往往选择不购买保险。我们通过一个简单的例子来说明。如果有个潜在的投保人，他总共只有 50 元钱，但是一旦发生事故，造成的社会损失却高达 100 元。如果发生事故的概率是 1/10，那么他在不购买保险情况下的预期支付是 $\min(100,50)\times 1/10 = 5$（元）。但如果他要购买保险的话，他所需要支付的保费是 $100\times 1/10 = 10$（元），这大于其不购买保险情况下的预期支付。所以，理性的公司在这种情况下不会主动购买保险。因为在不购买保险的情况下，它们可以通过宣布破产的方式，只承担起资产范围内的部分损失；但是在购买保险的情况下，它们需要承担全部的损失。

从这个分析得出的结论是：在潜在的投保者是偿付能力有限的小企业，或者潜在的损失非常大的情况下，有效的保险市场需求无法自发形成。美国的地下储油罐保险市场的发展历程可为此观点提供实证支持。前面提到，美国审计总署 1988 年发布的报告显示，90% 的地下储油罐所有者都只是拥有一个加油站，他们的平均净资产只有 9 万美元左右。然而，一旦储油罐发生泄漏，其清理地下水污染的成本将在 7.5 万～22.5 万美元。在这种情况下，大多数加油站会因无力赔付而宣布破产。在这种情况下，他们其实不用为事故发生后所造成的污染负财务责任，所以他们不愿意每年都去购买保险。这也

---

① Kunreuther, H., Sanderson, W., Vetschera, R. A Behavioral Model of the Adoption of Protective Activities. *Journal of Economic Behavior and Organization*, 1985, 6 (1): 1-15.

② Kunreuther, H., Pauly, M. Neglecting Disaster: Why Don't People Insure Against Large Losses?. *Journal of Risk and Uncertainty*, 2004, 28 (1): 5-21.

是美国联邦政府出台"财务责任要求"这项政府规制，实施强制性保险的原因。

被轻视的小概率风险：墨西哥湾 BP 公司原油泄漏

2010 年 4 月 20 日夜间，位于墨西哥湾的"深水地平线"钻井平台发生爆炸并引发大火，大约 36 小时后沉入墨西哥湾，11 名工作人员死亡。大量原油从 1 500 米的深海泄漏到墨西哥湾，这是历史上首次发生在超过 500 米以上深海的原油泄漏。

漏油时间持续了近三个月。2010 年 7 月 15 日，BP 石油公司高级副总裁肯特·韦尔斯在新闻发布会上说，工程人员当天下午 2 时半左右关闭了新控油罩三个阀门中的最后一个后，再也没有发现原油泄漏的迹象。在这 87 天中，大约有 500 万桶石油最终流入大海。与海面航行的大油轮漏油相比，深海原油泄漏危害更大、更隐蔽。这主要是由于海面与深海底的压力、温度有很大不同，大量原油喷涌并向上漂浮过程中，呈现出一种"羽毛"状逐步分散的形态，即在海底都是从一个漏油口喷出（像羽毛的根），在上升过程中就会变成羽毛状，直到海面时，就像一个伞面盖在海面上，并且会以油团或油、水、气的混合物在海底、海水中和海面上流动、凝固或分散漂浮。这样，生活在海洋每一层的生物都会受到直接的影响。同时，由于生活在海水不同层面的海洋生物虽然各自的生存环境不同，但是相互为食物链，某一层的海洋生物死亡将会造成食物链上层的许多生物难以生存。

2015 年 10 月 5 日，美国联邦法院新奥尔良地方法院判决，认定 BP 石油公司在 2010 年的墨西哥湾"深水地平线"钻井平台爆炸及原油泄漏事故中有重大疏忽，并最终处以 208 亿美元的罚款。

此次原油泄漏有多方面的原因。但与我们书中关于"小概率风险"相关的，我认为也是最为重要的，是人们漠视小概率风险的态度。下面我摘录了在后续的事故原因调查中披露出的电子邮件往来。我们可得出几个信息：

（1）风险是可预测的。在 Brian Morel 和 Gregory Walz 发出的邮件中，我们清晰地看到了模拟软件所展示的结果，清楚地预见到了风险。并且 Gregory 强调必须一致性地尊重模型给出的结果。

（2）钻井平台上的大多数管理者选择漠视模型所揭示的风险的存在。例如，在 Brian Morel 的电邮中，他表示六个扶正器（centralizers）可能不够，但是要追购并把它们运到钻井平台，在工程工期上不允许，所以只能采取折中的方案。在 John Guide 的电邮中，作为钻井平台上的决策者，他也表达了在工程延期的情况下，追购并使用更多的扶正器的不满。漠视风险的态度在 Brett Cocales 的电邮中表现得更淋漓尽致，他电邮的第一段清楚地表明了他知道风险的存在，"但是，谁管那个，我们完工，就完事了。我们可能是没事的，我们的水泥工作会出色地完成。我宁愿尽量挤出些时间，也不愿被困在平台上。我认为 Guide 在风险/收益的权衡中是正确的。"（But，who cares，it's done，end of story，will probably be fine and we'll get a good cement job. I would rather have to squeeze than get stuck about the WH. So Guide is right on the risk/reard equation.）

当在法院被质问为什么漠视模型模拟结果的时候，钻井平台上的决策者John Guide 这样说道，"有几个原因。首先，那个模型，是个模拟，它不是真实发生的事情。从过去的经验来看，它有时候是正确的，有时候是错误的。而且我知道在这个模型分析中，他们也做了很多修正来得到看起来合理的结果。"（There were several reasons，first of all，it's a model，it's a simulation，it's not... the real thing. From past experiences sometimes it's right and sometimes it's wrong. And I also know in this particular case... they made reference to having to thinker with it to try to get some of the results that were reasonable.）

在正文中，我们写道，环境风险有一些共性特征：发生的概率通常比较小；但是一旦发生，产生的环境损失往往很大。人们的风险态度，在概率很小的情况下倾向于激进，所以管理者在面临这种情况时，要留心纠正认知的偏差。环境保险中的保费是传递环境风险的很重要的信号，这也是环境保险另外一个很好的特征。

From: Morel, Brian P
Sent: Thursday, April 15, 2010 4:00 PM
To: Jesse Gagliano; Hafle, Mark E; Cocales, Brett W; Walz, Gregory S
Subject: RE: OptiCem Report
Attachments: Image002.jpg; image003.jpg

We have 6 centralizers, we can run them in a row, spread out, or any combinations of the two. It's a vertical hole so hopefully the pipe stays centralized due to gravity. As far as changes, it's too late to get any more product to the rig, our only options is to rearrange placement of these centralizers.   Please see attached diagram for my recommendation.

From: Walz, Gregory S
To: Guide, John
Sent: Fri Apr 16 00:50:27 2010
Subject: Additional Centralizers
John,
Halliburton came back to us this afternoon with additional modeling after they loaded the final directional surveys, caliper log information, and the planned 6 centralizers. What it showed, is that the ECD at the base of sand jumped up to 15.06 ppg. This is being driven by channeling of the cement higher than the planned TOC.
We have located 15 Weatherford centralizers with stop collars (Thunder Horse design) in Houston and worked things out with the rig to be able to fly them out in the morning. My understanding is that there is no incremental cost with the flight because they are combining the planned flights they already had. The maximum they could fly is 15.
The model runs for 20 centralizers (6 on hand + 14 new ones) reduce the ECD to 14.65 ppg, which is back below the 14.7+ ECD we had when we lost circulation earlier.
There has been a lot of discussion about this and there are differing opinions on the model accuracy. However, the issue, is that we need to honor the modeling to be consistent with our previous decisions to go with the long string. Brett and I tried to reach you twice to discuss things. David was still here in the office and I discussed this with him and he agreed that we needed to be consistent with honoring the model.
To be able to have this option we needed to kick things off at 6:00 pm tonight, so I went ahend and gave Brett the go ahead. We also lined up a Weatherford hand for installing them to go out on the same flight. I wanted to make sure that we did not have a repeat of the last Atlantis job with questionable centralizers going into the hole.
John, I do not like or want to disrupt your operations and I am a full believer that the rig needs only one Tcam Leader. I know the planning has been lagging behind the operations and I have to turn that around. I apologize if I have over step my bounds.
I would like to discuss how we want to handle these type of issues in the future.
Please call me tonight if you want to discuss this in more detail.
Gregg
Drilling Engineering Team Leader
GoM Drilling & Completions
Office:
Cell:
E-Mail:

From: Guide, John
To: Walz, Gregory S
Sent: Fri Apr 16 12:48:11 2010
Subject: Re: Additional Centralizers
I just found out the stop collars are not part of the centralizer as you stated. Also it will take 10 hrs to install them.
We are adding 45 pieces that can come off as a last minute addition. I do not like this and as David approved in my
absence I did not question but now I very concerned about using them

From: Cocales, Brett W
Sent: Friday, April 16, 2010 4:15 PM
To: Morel, Brian P
Subject: RE: Macondo STK geodetic

Even if the hole is perfectly straight, a straight piece of pipe even in tension will not seek the
perfect center of the hole unless it has something to centralize it.

But, who cares, it's done, end of story, will probably be fine and we'll get a good cement job. I
would rather have to squeeze than get stuck above the WH. So Guide is right on the risk/reward
equation.

Best Regards,
Brett

资料来源：美国墨西哥湾原油泄漏事件. 百度百科. ；Ingersoll, C. , Locke, R. , M. Reavis,
C. BP and the Deepwater Horizon Disaster of 2010. Cambridge：MIT Sloan Case Study，2012.

第 6 节　政府的责任问题

上面提到，在管理发生概率小，但潜在损失大的责任事件的时候，政府应
当推行强制性保险。很多人不喜欢政府强制这个想法。但我认为这是我们应该
做的事情，我们在交通领域可以推行交通强制保险，但为什么处理环境风险的
时候，不能推行强制性环境保险呢？在本书中，我一直强调的一个观点是，环
境产品市场不是天然存在的，必须由政府用政策给予强有力的支持。

在现实情况中，政府的角色往往出现错位，不是事前规定生产和技术标
准，以及财务责任，而是在事实上承担事后救济的责任，尤其是当责任风险的
社会属性非常强的时候。当政府承担事后救济的全部或者部分责任时，姚承斌
和尹海涛（2011）的研究表明，消费者的保险支付意愿会明显下降，保险市场
甚至会完全失灵。[1] 有些学者（Buchanan，1975；Coate，1975）认为[2]，潜在投
保人在处理社会属性比较强的责任风险例如自然灾害时，不购买保险的原因是

---

[1]　姚承斌，尹海涛. 自然灾害保险市场的困境和突破. //宋健敏. 公共治理评论. 上海：上海财经大学出
版社，2011：49－65.

[2]　Buchanan，J. The Samaritan's Dilemma. //Phelps，E. *Altruism*，*Morality and Economic Theory*. New
York：Russell Sage Foundation，1975；71－85.；Coate，S. Altruism，the Samaritan's Dilemma，and Government
Transfer Policy. *American Economic Review*，1975，85（1）：46－57.

他们认为在遭受损失之后，政府救济将帮助他们渡过难关。这是一种典型的撒马利亚人困境（Samaritan's dilemma）：在灾后提供救济，将减少人们在灾前采取减损措施的动机和购买保险的意愿，这会导致更多的损失，从而给政府救济带来更大的压力。

所以，在存在清晰财务责任的情况下，政府不应当越俎代庖，承担救济的责任。在潜在损失非常有可能超过责任人的财务能力时，推行强制性保险就成为非常自然的选择。当然，这样主张并不等于政府推卸责任。推行强制性商业保险的一个挑战是投保人的支付能力问题。有些小企业或者个人的支付能力非常有限，他们的风险通常也比较高，如果按照商业保险风险定价的运营模式，他们所需要支付的保费很高，会超出他们的支付能力。在这种情况下，政府需要做的是补贴保费。但是，补贴最好使用类似美国食品券（food stamp）的保险优惠购买券[①]的形式，而不是直接的保费减免。这种购买券只能用来抵扣保费，不能用作其他用途。这样做的优势在于，保险公司仍然能够做到风险定价，投保人所看到的仍然是能够反映其真实风险的保费。高保费是个很好的信号，让投保人清晰认识到所面临的风险。这种认识可能会影响他们的选择，从而采取措施来控制有关的风险。与此相比，直接的保费减免会弱化保费所应当传递的风险信号。

最后，我们需要指出的是，政府设立有关的责任保障基金，可能会破坏商业保险市场的形成。我们观察到，在美国设立地下储油罐州保障基金的州，其地下储油罐商业保险市场是不存在的。原因是非常明显的。表7-2告诉我们，风险最小的地下储油罐获得商业保险的成本是200美元左右，但如果从州保障基金那里获得保障，成本只有100美元。政府设定如此低的费用标准，是迫于保护小企业的政治压力；政府之所以能够设定如此低的费用标准，是因为它从汽油消费税中获得了补助。但是也应该承认，政府设立公共基金，也的确为后来商业保险的推行积累了大量的数据，推动了我们提到的第一个可保性条件的满足。

综合这些分析，我们看到，政府的责任应当是推行强制性保险和实施保费补贴，而不是忙于事故后救济，或者在事前提供财务责任保障。

第 7 节　环境保险在中国的尝试

我国环境污染责任保险试点工作起步于 2007 年。2007 年，国家环保总局

---

① Kunreuther, H. , Kerjan, E. M. *At War with the Weather*. Massachusetts：MIT Press，2009.

和保监会联合发布了《关于环境污染责任保险工作的指导意见》，开始正式试行环境污染责任保险制度。但这个阶段的保险是以自愿为基础的。从我们前面的理论分析可以看出，在自愿的原则下，企业的参保率应当很低。事实也的确如此。以昆明市为例，2009 年 5 月，昆明市政府发布公告，确定昆明市应当参与环境污染责任保险的企业为 340 家，鼓励参保的企业为 56 家，但实际参保的企业数量很少，参保企业多为完成政府指派目标，投保金额较低，人保财险昆明分公司四年内保费收入共计仅 500 万元。[①]

2013 年，环境保护部与保监会印发《关于开展环境污染强制责任保险试点工作的指导意见》，要求各地开展环境污染强制责任保险试点。2015 年 9 月，中共中央、国务院印发的《生态文明体制改革总体方案》明确提出：在环境高风险领域建立环境污染强制责任保险制度。随后，相关部门发布了一系列文件，有力推动了环境污染强制责任保险制度的实施。2018 年 5 月，生态环境部审议并通过了《环境污染强制责任保险管理办法（草案）》。李萱等（2019）指出，目前全国 31 个省份均已开展环境污染强制责任保险试点，覆盖涉重金属、石化、危险化学品、危险废物处置等行业，保险公司已累计为企业提供超过 1 600 亿元的风险保障。[②]

我们根据生态环境部公布的投保环境污染责任保险的企业名单和有关省份环保厅的官方数字，得到了各省在不同年份投保环境污染责任保险的企业数目，如表 7 - 3 所示。

表 7 - 3　环境污染责任保险在各省份的推广情况

	2011 年	2013 年	2014 年	2015 年
辽宁	0	52	116	151
四川	98	307	310	291
广东	9	480	426	524
湖南	592	1 453	412	18
江苏	944	1 653	1 932	2 213
其他			1 360	583
合计	1 643	3 945	4 556	3 780

资料来源：生态环境部公布的 2014 年和 2015 年投保环境污染责任保险的企业名单；相关省份环保厅公开信息。

[①] 王壹．我国环境责任保险法律制度研究．黑龙江工业学院学报，2019（2）.
[②] 李萱，袁东辉，沈晓悦，等．环境污染强制责任保险政策还有那些不足待完善?．中国环境报，2019 - 07 - 23.

从表 7 - 3 中，我们可以得到两个主要的信息。首先，虽然强制性保险从 2013 年开始推行，但是在各个省份发展的情况非常不均衡。以 2015 年为例，发展最好的江苏省，投保的企业数目占了全国投保企业总数的 50％以上。有 13 个省份投保环境污染责任保险的企业数目为零。其次，2013—2015 年，环境污染责任保险的投保企业数目锐减，尤其是湖南省 2014—2015 年投保企业的数量狂跌 95.6％；表中列出省份之外的其他省份 2014—2015 年投保企业的数量也下降了 57％。这意味着，强制性保险政策出台的第一年，政府大力推行政策，企业去购买；之后推行力度放松了，企业就不买了。这再次印证了我们的理论探讨：企业是没有自愿购买环境污染责任保险的动机的。环境污染责任保险的推行要依赖政府持续性的规制手段，正如交通强制保险一样。

无锡市是公认的推行环境保险的模范城市。无锡市 2009 年 6 月试行开展环境污染责任保险工作，同年 10 月被环保部列为全国试点城市，开展环境污染责任保险试点。截至 2018 年底，全市累计参保企业 7 374 家，目前在保企业 1 146 家，参保覆盖面逐年扩大，累计提供风险保障 71.75 亿元。之所以能有如此大的规模，主要是因为无锡市认真地推行了强制模式。自 2010 年起，无锡市坚持将环境污染责任保险工作列入《市长环保工作目标任务书》，明确提出全市高环境风险行业企业参保覆盖率按照 2013 年达到 75％、2014 年达到 90％、2015 年达到 100％的总体目标具体实施推进，并将责任分解到各个区县，确保各个区县不会因为追求政绩而忽视环境保护工作。[1]

从上面的分析能够看出，环境污染责任保险成为强制性保险，是理论和实践上的必然。我们期待着这项制度也能和其他环保规制一样，得到很好的执行，更充分地发挥其鼓励风险管控、提升环境事故偿付能力的制度优势。

◀ 本章思考题 ▶

1. 认真地学习总结本章内容，绘制本章内容思维导图。

2. 本章提到运用保险市场管理环境风险会有很多优势，试着总结这些优势。

3. 既然环境保险有很多制度优势，那么为什么在实践中，我们很少看到环境保险呢？试着从供给和需求两个角度分析环境保险市场很难自发形成的原因。

4. 2021 年，国家"十四五"规划纲要明确提出发展巨灾保险，确立巨灾保险在国家防灾减灾体系建设中的重要功能和作用。巨灾保险是为地震、台风、洪水等自然灾害所造成的损失提供财产保证的险种。2008 年汶川地震

① 王玉玲. 环境污染风险管理的实践探索——以江苏省无锡市环境责任险为例. 金融纵横，2019 (7).

中保险赔付款占灾害损失的比例不足 1%，但在 2021 年河南的强降雨极端天气之后，保险赔付金额占河南强降雨极端天气灾害损失的比例已超过 11%，显示出保险在自然灾害救助中发挥的作用愈加重要。但是，从国际经验来看，保险业大致承担自然灾害全部损失 30% 的比例（美国卡特里娜飓风之后，保险赔付金额占到全部损失的 50%）。与国际上的状况相比，我国巨灾保险依然存在很大的发展缺口。综合本章的讨论，研讨在我国发展巨灾保险的主要障碍，讨论如何通过政府与市场手段相结合的方式，推动巨灾保险市场的发展。

拓展阅读

1. 作为一个研究学科的环境经济学

- Chapter 3：Analyzing Long-enduring，Self-organized，and Self-governed CPRs. //Ostrom，E. *Governing the Commons*. Cambridge：Cambridge University Press，1990.
- Stavins，R. N. The Problem of the Commons：Still Unsettled After 100 Years. *American Economic Review*，2011，101（1）：81 – 108.
- Hardin，G. The Tragedy of the Commons. *Science*，1968，162（3859）：1243 – 1248.
- Heintzelman，M. D.，Salant，S. W.，Schott，S. Putting Free-riding to Work：A Partnership Solution to the Common-property Problem. *Journal of Environmental Economics and Management*，2009，57（3）：309 – 320.

2. 环境保护与经济增长、国际贸易

- 陈登科. 贸易壁垒下降与环境污染改善——来自中国企业污染数据的新证据. 经济研究，2020，55（12）：98 – 114.
- 陈诗一，陈登科. 雾霾污染、政府治理与经济高质量发展. 经济研究，2018（2）：20 – 34.
- 段宏波，汪寿阳. 中国的挑战：全球温控目标从 2℃到 5℃的战略调整. 管

理世界，2019（10）：56-69.

● 范英，衣博文. 能源转型的规律、驱动机制与中国路径. 管理世界，2021（8）：116-126.

● 国务院发展研究中心课题组，张玉台，刘世锦，等. 二氧化碳国别排放账户：应对气候变化和实现绿色增长的治理框架. 经济研究，2011（12）：4-17.

● 李丁，张艳，马双，等. 大气污染的劳动力区域再配置效应和存量效应. 经济研究，2021（5）：127-143.

● 李江龙，徐斌. "诅咒"还是"福音"：资源丰裕程度如何影响中国绿色经济增长？. 经济研究，2018（9）：151-167.

● 李锴，齐绍洲. 贸易开放、经济增长与中国二氧化碳排放. 经济研究，2011（11）：60-72.

● 林伯强，李江龙. 环境治理约束下的中国能源结构转变——基于煤炭和二氧化碳峰值的分析. 中国社会科学，2015（9）：84-107.

● 林伯强，姚昕，刘希颖. 节能和碳排放约束下的中国能源结构战略调整. 中国社会科学，2010（2）：58-71.

● 莫建雷，段宏波，范英，等.《巴黎协定》中我国能源和气候政策目标：综合评估与政策选择. 经济研究，2018（9）：168-181.

● 邵帅，李欣，曹建华，等. 中国雾霾污染治理的经济政策选择——基于空间溢出效应的视角. 经济研究，2016（9）：73-88.

● 沈坤荣，金刚，方娴. 环境规制引起了污染就近转移吗？. 经济研究，2017（5）：44-59.

● 王班班，齐绍洲. 有偏技术进步、要素替代与中国工业能源强度. 经济研究，2014（2）：115-127.

● 王兆华，马俊华，张斌，等. 空气污染与城镇人口迁移：来自家庭智能电表大数据的证据. 管理世界，2021（3）：27-42.

● 魏楚，郑新业. 能源效率提升的新视角——基于市场分割的检验. 中国社会科学，2017（10）：90-111.

● 邬彩霞. 中国低碳经济发展的协同效应研究. 管理世界，2021（8）：127-139.

● Ambec, S., Cohen, M. A., Elgie, S., et al. The Porter Hypothesis at 20: Can Environmental Regulation Enhance Innovation and Competitiveness?. *Review of Environmental Economics and Policy*，2013，7（1）：2-22.

● Ang, B. W. Decomposition Analysis for Policymaking in Energy: Which is the Preferred Method?. *Energy Policy*，2004，32（9）：1131-1139.

● Chen, S., Gong, B. Response and Adaptation of Agriculture to Climate

Change: Evidence from China. *Journal of Development Economics*，2021，148（C）.

- Chen, S., Lin, F., Yao, X., et al. WTO Accession, Trade Expansion, and Air Pollution: Evidence from China's County-Level Panel Data. *Review of International Economics*，2020，28（4）：1020－1045.

- Geng, Y., Sarkis, J., Bleischwitz, R. How to Globalize the Circular Economy. *Nature*，2019，565（7738）：153－155.

- Grossman, G. M., Krueger, A. B. Economic Growth and the Environment. *Quarterly Journal of Economics*，1995，110（2）：353－377.

- Grossman, G. M., Krueger, A. B. Environmental Impacts of A North American Free Trade Agreement. //Garber, P. *The U.S.-Mexico Free Trade Agreement*. Cambridge: MIT Press，1993.

- Harbaugh, W. T., Levinson, A., Wilson, D. M. Reexamining the Empirical Evidence for an Environmental Kuznets Curve. *The Review of Economics and Statistics*，2002，84（3）：541－551.

- Reiss, P. C., White, M. W. Household Electricity Demand, Revisited. *Review of Economics Studies*，2005，72（3）：853－883.

- Shapiro, J. S., Walker, R. Why is Pollution from US Manufacturing Declining? The Roles of Environmental Regulation, Productivity and Trade. *American Economic Review*，2018，108（12）：3814－3854.

- Walter, I. Environmentally Induced Industrial Relocation to Developing Countries. //Rubin, S. J., Graham, T. R. *Environment and Trade*. New Jersey: Allanheld, Ossun, and Co.，1982：67－101.

- Zhang, P., Deschenes, O., Meng, K., et al. Temperature Effects on Productivity and Factor Reallocation: Evidence from A Half Million Chinese Manufacturing Plants. *Journal of Environmental Economics and Management*，2018，88（3）：1－17.

- Zhang, Z. X. Trade and Climate Change: Focus on Carbon Leakage, Border Carbon Adjustments and WTO Consistency, Foundations and Trends. *Microeconomics*，2018，12（1）：1－108.

3. 环境收益和成本的评估

- Carson, R. T., Mitchell, R. C., Kopp, R. J., et al. Contingent Valuation and Lost Passive Use: Damages from the Exxon Valdez Oil

Spill. *Environmental and Resource Economics*，2003，25（3）：257－286.

- Chay，K. Y.，Greenstone，M. Does Air Quality Matter? Evidence from the Housing Market. *Journal of Political Economy*，2005，113（2）：376－424.

- Fare，R.，Grosskopf，S.，Lovell，C. A. K.，et al. Derivation of Shadow Prices for Undesirable Outputs：A Distance Function Approach. *Review of Economics and Statistics*，1993，75（2）：374－380.

- Haab，T. C.，Interis，M. G.，Petrolia，D. R.，et al. From Hopeless to Curious? Thoughts on Hausman's "Dubious to Hopeless" Critique of Contingent Valuation. *Applied Economic Perspectives and Policy*，2013，35（4）：593－612.

- Hausman，J. Contingent Valuation：From Dubious to Hopeless. *The Journal of Economic Perspectives*，2012，26（4）：43－56.

- Hsiang，S.，et al. Estimating Economic Damage from Climate Change in the United States. *Science*，2017，356（6345）：1362.

- Morgenstern，R. D.，Pizer，W. A.，Shih，J. S. Jobs Versus the Environment：An Industry-Level Perspective. *Journal of Environmental Economics and Management*，2002，43（3）：412－436.

- Muehlenbachs，L.，Spiller，E.，Timmins，C. The Housing Market Impacts of Shale Gas Development. *American Economic Review*，2015，105（12）：3633－3659.

- Palmer，K.，Oates，W. E.，Portney，P. R. Tightening Environmental Standards：The Benefit-Cost or the No-Cost Paradigm?. *The Journal of Economic Perspectives*，1995，9（4）：119－132.

- Potoglou，D.，Kanaroglou，P. S. Household Demand and Willingness to Pay for Clean Vehicles. *Transportation Research Part D：Transport and Environment*，2007，12（4）：264－274.

- Reducing U. S. Greenhouse Gas Emissions：How Much at What Cost? McKinsey & Company，2007.

- Robert，R.，et al. Twenty Years of Ecosystem Services：How Far Have We Come and How Far Do We Still Need to Go. *Ecosystem Services*，2017，28（A）：1－16.

4. 命令和控制型政府规制

- 曹静，王鑫，钟笑寒．限行政策是否改善了北京市的空气质量？．经济学

（季刊），2014，13（3）：1091-1126.

● 陈晓红，蔡思佳，汪阳洁. 我国生态环境监管体系的制度变迁逻辑与启示. 管理世界，2020（11）：189-201.

● 韩超，孙晓琳，李静. 环境规制垂直管理改革的减排效应——来自地级市环保系统改革的证据. 经济学（季刊），2021，21（1）：335-360.

● 黄溶冰，赵谦，王丽艳. 自然资源资产离任审计与空气污染防治："和谐锦标赛"还是"环保资格赛". 中国工业经济，2019（10）：23-41.

● 李青原，肖泽华. 异质性环境规制工具与企业绿色创新激励——来自上市企业绿色专利的证据. 经济研究，2020，55（9）：192-208.

● 沈坤荣，金刚. 中国地方政府环境治理的政策效应——基于"河长制"演进的研究. 中国社会科学，2018（5）：92-115.

● 王班班，齐绍洲. 市场型和命令型政策工具的节能减排技术创新效应——基于中国工业行业专利数据的实证. 中国工业经济，2016（6）：91-108.

● 王岭，刘相锋，熊艳. 中央环保督察与空气污染治理——基于地级城市微观面板数据的实证分析. 中国工业经济，2019（10）：5-22.

● 余泳泽，孙鹏博，宣烨. 地方政府环境目标约束是否影响了产业转型升级？. 经济研究，2020（8）：57-72.

● Davis, L. W. The Effect of Driving Restrictions on Air Quality in Mexico City. *Journal of Political Economy*，2008，116（1）：38-81.

● He, G., Wang, S., Zhang, B. Watering Down Environmental Regulations in China. *The Quarterly Journal of Economics*，2020，135（4）：2135-2185.

● Helfand, G. E. Standards Versus Standards: The Effects of Different Pollution Restrictions. *American Economic Review*，1991，81（3）：622-634.

● Spulber, F. D. Effluent Regulation and Long-Run Optimality. *Journal of Environmental Economics and Management*，1985，12（2）：103-116.

● Wang, C., Wu, J., Zhang, B. Environmental Regulation, Emissions and Productivity: Evidence from Chinese COD-emitting Manufacturers. *Journal of Environmental Economics and Management*，2018，92（C）：54-73.

● Zhang, B., Chen, X., Guo, H. Does Central Supervision Enhance Local Environmental Enforcement? Quasi-experimental Evidence from China. *Journal of Public Economics*，2018，164（C）：70-90.

5. 环境权益的交易制度

- 李钢，廖建辉. 基于碳资本存量的碳排放权分配方案. 中国社会科学，2015（7）：65-81.

- 齐绍洲，林屾，崔静波. 环境权益交易市场能否诱发绿色创新？——基于我国上市公司绿色专利数据的证据. 经济研究，2018（12）：129-143.

- 任胜钢，郑晶晶，刘东华，等. 排污权交易机制是否提高了企业全要素生产率——来自中国上市公司的证据. 中国工业经济，2019（5）：5-23.

- 史丹，李少林. 排污权交易制度与能源利用效率——对地级及以上城市的测度与实证. 中国工业经济，2020（9）：5-23.

- 涂正革，谌仁俊. 排污权交易机制在中国能否实现波特效应？. 经济研究，2015（7）：160-173.

- 张宁，张维洁. 中国用能权交易可以获得经济红利与节能减排的双赢吗？. 经济研究，2019（1）：167-183.

- 张希良，张达，余润心. 中国特色全国碳市场设计理论与实践. 管理世界，2021（8）：100-115.

- Costello, C., Gaines, S. D., Lynham, J. Can Catch Shares Prevent Fisheries Collapse? . *Science*, 2008, 321（5896）：1678-1681.

- Ellerman, A. D., Paul, L. J., Schmalensee, R., et al. *Markets for Clean Air：The U.S. Acid Rain Program*. Cambridge：Cambridge University Press, 2000.

- Goulder, L. H., Parry, I. W. H. Instrument Choice in Environmental Policy. *Review of Environmental Economics and Policy*, 2008, 2（2）：152-174.

- Popp, D. Pollution Control Innovations and the Clean Air Act of 1990. *Journal of Policy Analysis and Management*, 2003, 22（4）：641-660.

- Schmalensee, R., Stavins, R. N. Lessons Learned from Three Decades of Experience with Cap and Trade. *Review of Environmental Economics and Policy*, 2017, 11（1）：59-79.

- Yin, H., Powers, N. Do State Renewable Portfolio Standards Promote In-state Renewable Generation? . *Energy Policy*, 2010, 38（2）：1140-1149.

6. 环境管制的金融手段

- 陈诗一. 边际减排成本与中国环境税改革. 中国社会科学，2011（3）：85-100.

- 郭俊杰，方颖，杨阳. 排污费征收标准改革是否促进了中国工业二氧化硫

减排 . 世界经济，2019，42（1）：121 - 144.

- 林伯强，李爱军 . 碳关税的合理性何在？ . 经济研究，2012（11）：119 - 128.
- 林伯强，刘畅 . 中国能源补贴改革与有效能源补贴 . 中国社会科学，2016（10）：52 - 71.
- 石光，周黎安，郑世林，等 . 环境补贴与污染治理——基于电力行业的实证研究 . 经济学（季刊），2016，15（4）：1439 - 1462.
- 涂正革 . 工业二氧化硫排放的影子价格：一个新的分析框架 . 经济学（季刊），2010，9（1）：259 - 282.
- 王馨，王营 . 绿色信贷政策增进绿色创新研究 . 管理世界，2021，37（6）：173 - 188＋11.
- 吴健，毛钰娇，王晓霞 . 中国环境税收的规模与结构及其国际比较 . 管理世界，2013（4）：168 - 169.
- 吴力波，钱浩祺，汤维祺 . 基于动态边际减排成本模拟的碳排放权交易与碳税选择机制 . 经济研究，2014（9）：48 - 61.
- 吴茵茵，徐冲，陈建东 . 不完全竞争市场中差异化环保税影响效应研究 . 中国工业经济，2019，374（5）：45 - 62.
- 徐保昌，谢建国 . 排污征费如何影响企业生产率：来自中国制造业企业的证据 . 世界经济，2016，39（8）：143 - 168.
- 杨曦，彭水军 . 碳关税可以有效解决碳泄漏和竞争力问题吗？——基于异质性企业贸易模型的分析 . 经济研究，2017（5）：60 - 74.
- 张友国，郑世林，周黎安，等 . 征税标准与碳关税对中国经济和碳排放的潜在影响 . 世界经济，2015，38（2）：167 - 192.

- Parry, I. W. H., Small, K. A. Does Britain or the United States Have the Right Gasoline Tax? . *American Economic Review*，2005，95（4）：1276 - 1289.
- Sun, J., Wang, F., Yin, H., et al. Money Talks: The Environmental Impact of China's Green Credit Policy. *Journal of Policy Analysis and Management*，2019，38（3）：653 - 680.
- Weitzman, M. L. Prices Vs. Quantities. *The Review of Economic Studies*，1974，41（4）：477 - 491.

7. 环境信息管理

- 史贝贝，冯晨，康蓉 . 环境信息披露与外商直接投资结构优化 . 中国工业经济，2019（4）：98 - 116.

- Kim, E.-H., Lyon, T. P. Strategic Environmental Disclosure: Evidence from the DOE's Voluntary Greenhouse Gas Registry. *Journal of Environmental Economics and Management*, 2011, 61 (3): 311-326.
- Konar, S., Cohen, M. A. Information as Regulation: The Effect of Community Right to Know Laws on Toxic Emissions. *Journal of Environmental Economics and Management*, 1997, 32 (1): 109-124.
- Lyon, T., Lu, Y., Shi, X., et al. How Do Investors Respond to Green Company Awards in China?. *Ecological Economics*, 2013, 94 (C): 1-8.
- Zhou, H., Yin, H. Stock Market Reactions to Environmental Disclosures: New Evidence from China. *Applied Economics Letters*, 2018, 25 (13): 910-913.

8. 环境债务责任

- 范子英, 赵仁杰. 法治强化能够促进污染治理吗?——来自环保法庭设立的证据. 经济研究, 2019 (3): 21-37.
- 贺立龙, 朱方明, 陈中伟. 企业环境责任界定与测评: 环境资源配置的视角. 管理世界, 2014 (3): 186-187.
- 吕忠梅, 窦海阳. 以"生态恢复论"重构环境侵权救济体系. 中国社会科学, 2020 (2): 118-140.

- Beard, T. R. Bankruptcy and Care Choice. *The RAND Journal of Economics*, 1990, 21 (4): 626.
- Kolstad, C. D., Ulen, T. S., Johnson, G. V. Ex Post Liability for Harm vs. Ex Ante Safety Regulation: Substitutes or Complements. *American Economic Review*, 1990, 80 (4): 888-901.
- Lyon, T. P., Yin, H., Blackman, A., et al. Voluntary Cleanup Programs for Brownfield Sties: A Theoretical Analysis. *Environmental and Resource Economics*, 2018, 70 (2): 297-322.
- Ringleb, A. H., Wiggins, S. N. Liability and Large-scale, Long-term Hazards. *Journal of Political Economy*, 1990, 98 (3): 574-595.
- Shavell, S. A Model of the Optimal Use of Liability and Safety Regulation. *The RAND Journal of Economics*, 1984, 15 (2): 274-280.
- Shavell, S. Liability for Harm Versus Regulation of Safety. *Journal of Le-*

gal Studies, 1984, 13 (2): 357 - 374.

- Tietenberg, T. H. Indivisible Toxic Torts: The Economics of Joint and Several Liability. *Land Economics*, 1989, 65 (4): 305 - 319.

9. 环境保险

- Freeman, P. , Kunreuther, H. *Managing Environmental Risk Through Insurance*. Amsterdam: Kluwer Academic Publishers, 1997.
- Yin, H. , Kunreuther, H. , White, M. W. Risk-based Pricing and Risk-reducing Effort: Does the Private Insurance Market Reduce Environmental Accidents? . *The Journal of Law and Economics*, 2011, 54 (2): 325 - 363.
- Yin, H. , Pfaff, A. , Kunreuther, H. Can Environmental Insurance Succeed Where Other Strategies Fail? The Case of Underground Storage Tanks. *Risk Analysis*, 2011, 31 (1): 12 - 24.

后记

2020 年春节的上海，天气阴沉，受新冠肺炎疫情的影响，我足不出户，正好可以整理搁置已久的书稿，这一放又有半年的时间了。

大儿子看我伏案几日，好奇地问我："爸爸你在干什么呢？"我说："我在写书。"他说："那你的书要大卖了。"我笑了，看着他说："爸爸写的又不是畅销书，而是教科书，不会有很多人买的。"他说："那你肯定会在你的领域变得很有名了。"我不忍心拂去他的兴致，应承地说道："或许会的。"

我可爱的儿子，爸爸在你眼中永远是最优秀的，正如你在爸爸眼里永远都是最棒的。其实，大卖也好，出名也好，都不是爸爸写这本书的初衷。爸爸只是在做一件自个儿认为应该做的事情，完成了，心里便有说不出的安心和满足。这个道理，我想你终究有一天会明白，我盼望你能越早明白越好。其实人生最重要的，是要活出自己的满足。

这本书能够完成，有太多的人需要感谢。首先要感谢我的太太和两个儿子，在他们的眼里，我无论做什么，都是最棒的。他们让我的人生充满了莫名其妙的自信，而且他们也无条件地支持我的想法，尽管因为写书的缘故，我陪伴他们的时间更少了。其次要感谢我的学生们，是他们让我发现了工作的美好。在本书的写作中，很多学生提供了直接的帮助与支持。杨浏帮我整理了最初的文稿，胡云一帮助我进行了第一轮的审校，刘雪飞帮助我查找了无数资料……非常感谢你们。

图书在版编目（CIP）数据

环境经济政策/尹海涛著 . -- 北京：中国人民大
学出版社，2022.7
新编 21 世纪经济学系列教材
ISBN 978-7-300-30763-3

Ⅰ.①环… Ⅱ.①尹… Ⅲ.①环境经济-环境政策-
高等学校-教材 Ⅳ.①X196

中国版本图书馆 CIP 数据核字（2022）第 107626 号

新编 *21* 世纪经济学系列教材
环境经济政策
尹海涛　著
Huanjing Jingji Zhengce

出版发行	中国人民大学出版社	
社　　址	北京中关村大街 31 号	**邮政编码**　100080
电　　话	010 - 62511242（总编室）	010 - 62511770（质管部）
	010 - 82501766（邮购部）	010 - 62514148（门市部）
	010 - 62515195（发行公司）	010 - 62515275（盗版举报）
网　　址	http://www. crup. com. cn	
经　　销	新华书店	
印　　刷	北京溢漾印刷有限公司	
规　　格	185 mm×260 mm　16 开本	**版　　次**　2022 年 7 月第 1 版
印　　张	9.75 插页 1	**印　　次**　2022 年 7 月第 1 次印刷
字　　数	175 000	**定　　价**　42.00 元